# 云计算资源管理与调度优化方法

郭力争　著

中国矿业大学出版社

## 内 容 提 要

本书对云计算环境下资源管理与调度方法进行分析与研究。主要内容包括云计算环境下与资源管理和调度相关的系统架构及关键技术、基于关联量的数据部署与任务调度方法、基于粒子群算法的任务调度优化方法、云计算环境下能耗性能感知的优化方法和基于排队论的性能指标动态优化方法。

本书适用于对云计算环境下资源管理与调度方法优化感兴趣的本科生、研究生与科研人员,以及对从事云计算资源管理与调度的工程技术人员阅读参考。

**图书在版编目(C I P)数据**

云计算资源管理与调度优化方法 / 郭力争著. —徐州 : 中国矿业大学出版社,2017.11

ISBN 978 - 7 - 5646 - 3768 - 2

Ⅰ. ①云… Ⅱ. ①郭… Ⅲ. ①云计算—资源管理—研究 Ⅳ. ①TP393.027

中国版本图书馆 CIP 数据核字(2017)第 270955 号

| | |
|---|---|
| 书　　　名 | 云计算资源管理与调度优化方法 |
| 著　　　者 | 郭力争 |
| 责任编辑 | 褚建萍 |
| 出版发行 | 中国矿业大学出版社有限责任公司 |
| | (江苏省徐州市解放南路　邮编 221008) |
| 营销热线 | (0516)83884103　83885105 |
| 出版服务 | (0516)83995789　83884920 |
| 网　　　址 | http://www.cumtp.com　E-mail:cumtpvip@cumtp.com |
| 印　　　刷 | 徐州中矿大印发科技有限公司 |
| 开　　　本 | 787×960　1/16　**印张** 11.25　**字数** 215 千字 |
| 版次印次 | 2017 年 11 月第 1 版　2017 年 11 月第 1 次印刷 |
| 定　　　价 | 44.00 元 |

(图书出现印装质量问题,本社负责调换)

# 前　言

　　云计算作为下一代信息技术的载体,其数据的存储、处理、分析、决策、任务的调度、资源的管理都在云中进行,而且其任务繁多、数据量巨大、用户需求不一、资源类型各异,因而对其资源部署与任务调度提出了新的更高的要求:既要满足用户对获取高质量服务的需求,又要尽可能地提高系统的资源利用率、保证服务提供商获得最大收益,从可持续发展和绿色环保的角度出发,还要保持高效节能。所以资源部署与任务调度是云计算研究和实现中亟待解决的关键问题。

　　本书针对云计算环境下的数据部署、任务调度问题,从资源的类型、特点、用户获取高性能体验和任务调度的需求等出发,对数据密集型应用、用户对性能和费用敏感要求、数据中心性能能耗兼顾等情况下的数据部署和任务调度方法进行了阐述,其主要内容包括以下几个方面:

　　(1)云计算环境下基于关联量的数据部署与任务调度方法

　　针对数据密集型应用在数据传输方面存在的因数据传输量大、数据传输次数多、网络带宽有限致使数据传输效率低的问题,本书提出了基于数据间最大关联量的数据依赖模型,利用原始数据形成关联矩阵,对该关联矩阵做有限次的矩阵初等变换即将其转换成聚类矩阵;设计了基于该模型的键能聚类算法,从而将关联量最大的数据聚集在一起;同时设计了 $K$ 分割算法将聚类矩阵分割为 $K$ 个部分,根据该分割结果即可将任务调度到相应的数据中心。仿真结果表明该模型和算法能有效地减少数据的传输次数和传输量,从而提高系统的性能。

　　(2)基于粒子群算法的任务调度优化方法

　　由于不同数据中心的收费标准、通信带宽和处理能力通常存在差异,所以任务调度上的差异会显著地影响用户的使用费用和性能体验。本书研究了多数据中心环境下的任务调度问题,以优化用户的性能体验和使用费用。具体就是将任务调度映射为处理交互图,基于处理交互图提出了任务调度优化的数学模型,进而设计了采用基于最小位置规则的粒子位置矢量离散化映射方法、用于优化数据部署和任务调度的粒子群算法,以优化用户的性能体验;鉴于粒子群算法后期探索能力较弱,为了提高粒子群算法的求解精度,设计了嵌入可变邻域搜索的粒子群优化算法,并且通过大量的实验和分析,找到了其最优的基准值、基准度、步长。仿真结果显示,提出的模型和算法能够显著优化处理时间、传输时间、传输费用和处理费用,提高处理性能和相应的用户体验。

（3）云计算环境下能耗性能感知的优化方法

针对数据中心普遍存在的资源利用率低、资源和能耗浪费严重的问题,本书研究了虚拟化数据中心环境下的虚拟机动态整合问题,以优化性能和能耗,提高数据中心的综合性能,满足用户的服务质量要求。本书首先研究和改进了主机的能耗模型,提出了指数能耗模型;其次采用了基于局部回归分析的 CPU 利用率预测方法,以确定主机是否过载和是否需要迁移虚拟机;然后针对轻载检测,提出了基于可变均值、最小利用率和第一四分位数的轻载检查方法,以确定是否需要迁移虚拟机;对于虚拟机的迁移问题,提出了最小迁移时间方法、最大 CPU 利用率方法和最小 CPU 利用率方法,以确定应该迁移哪个虚拟机;最后设计了能耗性能感知的最佳适应算法,对虚拟机进行部署,以优化性能与能耗。仿真结果表明,可变均值的轻载检查方法、局部回归分析的过载检查方法、最大利用率的虚拟机选择方法和能耗性能感知的最佳适应算法不但提高了用户的性能感受,而且优化了系统的能耗。

（4）基于排队论的性能指标动态优化方法

顾客的服务质量需求和到达率不同,云计算数据中心所需提供的服务器数量也不同。为了研究最佳的服务器数量随顾客的服务质量需求和到达率等的变化规律,本书研究了多到达、两服务窗能力不等的条件下基于排队论的解决方法,通过分析证明了稳态解的存在条件,理论推导和实验验证了参数 $L_q$、$L_s$ 和 $W_q$、$W_s$ 的具体表达式。在此基础上研究了多到达、多服务窗能力不等的条件下的排队论模型,并设计了相应的综合优化策略、模型和算法。仿真结果表明,其性能明显优于经典的先到先服务方法和短服务优先排队方法,能显著地降低顾客排队等待服务的时间均值和队列长度均值,且在相同时间内能为更多的顾客提供服务。

本书的撰写参考了大量的国内外研究成果,这些研究成果和贡献是本书的基础和思想源泉,在此对涉及的研究人员表示衷心的感谢！笔者得到了东华大学博士生导师赵曙光教授多方面的指导与帮助,赵曙光教授在百忙中认真、细致地审阅全部书稿,并提出了建设性的指导意见和建议,在此向赵曙光教授表示衷心的感谢！河南城建学院计算机与数据科学学院何宗耀教授等为本书的撰写提供许多有益的指导与帮助,贺晴、李春花、周娜新对书稿进行了校对工作;另外,本书的出版得到了国家自然科学基金项目（41771433）、河南省科技计划重点科技攻关项目(122102210412、172102210174、182402210025)、河南省教育厅科学技术研究重点项目(12A520006)、河南省高等学校重点科研项目(18A520020)、河南城建学院科研能力提升工程研究项目的资助,在此一并表示感谢。

云计算技术发展迅速,涉及的技术多,其理论和应用均有大量的问题亟待进行进一步深入研究。由于笔者才疏学浅,仅略知一二,书中不妥和错谬之处在所难免,敬请同行专家和读者批评指正。

郭力争

2017 年 7 月于河南城建学院

# 目　　录

# 第1章 绪 论

## 1.1 云计算的发展历程

随着通信技术、计算机技术、软件技术的发展,云计算、效用计算[1]正在逐渐从梦想变为现实,未来的计算在"云-端"的思想[2]已得到广泛认同。在云计算环境下,用户无须再花费大量的资金和人力去购买、管理和维护 IT 设备,便可以像使用自来水和市电一样方便地使用计算、存储等资源和服务,并且可获得更强的处理能力、更大的存储空间和更好的专业服务,从而确保其业务需求总能得到最大满足,彻底解决因业务量波动而导致计算、存储等资源的不足或过剩的问题[3]。

计算作为公用设施,即效用计算的概念早在 20 世纪 60 年代便已被提出。1961 年,John McCarthy 首先提出计算将来某天可以被当作公用设施[4];1969 年,美国国防部高级计划研究局网络项目的首席科学家 Leonard Kleinrock 指出:"目前,计算机网络处于婴儿期,但是它们会逐渐长大,变得复杂,将来,我们会看到效用计算的产生,像目前的电视和电话一样,将服务于全国的家庭和办公室。"[5]

20 世纪 90 年代,随着通信技术的发展,出现了虚拟专用网(Virtual Private Network,VPN),虚拟专用网提供点对点的通信,可以更有效地使用整个网络带宽,云的符号从此开始用来表示服务提供者和使用者之间的分界点。进而云计算扩展了这个边界,把网络基础设施作为服务。国内学者张尧学院士 1998 年开始从事透明计算系统的理论研究,提出了透明计算思想[6,7],并体现了云计算的特征,即资源池动态构建、虚拟化、用户透明等云计算的特征[8]。到了 21 世纪,经过网络泡沫的洗涤,很多企业认识到 IT 资源浪费严重的问题,通常情况下,IT 设备的负荷率低于 15%,例如亚马逊(Amazon)数据中心的平均使用率不到 10%,但同时为了偶尔用到的峰值需要提供 90% 的冗余空间;他们发现云架构能使内部效率显著地提高,且可以更快地添加新的功能;同时亚马逊开发了一项新产品努力向外部用户提供云计算服务,亚马逊因此于 2006 年启动了亚马逊 Web 服务(Amazon Web Services,AWS),并把其作为效用计算的基础[9,10]。2007 年,IBM 正式宣布启动云计算计划[11],使人们更加清晰地认识到云计算不只是科学研究领域的概念名词,进而使之在工业界得到广泛的接受,并开始在实践中应用。2008 年初,第一个开源的云计算项目桉树(Eucalyptus)实施,且能与 AWS API 兼容,可以部署私有云;同时欧洲委员会资助的项目 OpenNebula 开发了可以部署私有云和混合云的开源软件[12],欧洲委员会资助的另一个项目 IRMOS(Interactive Realtime Multimedia Applications on Service Oriented Infrastructures)关注云计算的服务质量,引导人们把更多的工作投入到确保服务质量的云基础设施上,导致了实时云环境的产生[12]。2010 年 7 月,美国国家航空航天局和包括 Intel、戴尔、Rackspace、AMD 等在内的支持厂商共同宣布 "OpenStack"开放源代码计划[13];2010 年 10 月,微软宣布支持 OpenStack 并与 Windows Server 2008 R2 集成[14]。2011 年 3 月 1 日,IBM 宣布了其 SmartCloud 框架以支持智慧地球,在智慧地球的各个基础组成部分中,云计算是一个关键部分[15]。2012 年 6 月 7 日,Oracle 宣布了 Oracle Cloud,尽管 Oracle Cloud 仍然在发展中,但这种云服务是第一个向用户提供一套完整的 IT 解决方案,包括软件即服务(Software as a Service SaaS)、平台即服务(Platform as a Service PaaS)和基础设施即服务(Infrastructure as a Service IaaS)。

国际各著名高校也对云计算极为重视,马里兰大学 Park 分校在云平台上从事生物信息等数据密集型计算研究,加州大学圣地亚哥分校积极开展数据存储异步性、异构性、多点失效的研究,弗吉尼亚理工大学致力于绿色数据中心和云存储研究,卡内基梅隆大学在云平台上提供开源工具的研究,威斯康星大学麦迪逊分校从事数据中心中 Flash-磁盘混合存储管理研究,明尼苏达大学 Twin Cities 分校进行云存储代理数据中心的研究。

另外,目前,国内高校、科研院所和大公司也非常重视云计算的理论研究与应用产品的开发。许多高校与科研院所针对云计算的不同领域开展了深入的研究。例如,清华大学主要研究云存储平台的存储云构建与数据共享技术①;北京大学侧重于智慧城市的研究②;武汉大学侧重于面向云计算的互操作国际标准;中国科学技术大学侧重于实践基础设施即以服务的理念构建云基础层,并融合中国科学技术大学强大的网络及服务资源与 3G 移动、电子商务、网游等行业服务商合作研发通用接口和标准的平台层,将其上的应用层开放给第三方开发③;中国科学院计算技术研究所利用云计算开展数据挖掘与云安全工作的研究;华中科技大学关注虚拟化技术与云安全的研究;上海交通大学注重数据的安全和

---

① http://www.tsinghua-sz.org/Institution.aspx? CateID=465。
② http://ciim.pku.edu.cn/cloudLab/yjfx.html。
③ http://cloud.ustc.edu.cn/。

隐私关键性技术研究;合肥工业大学侧重于将人工智能和信息管理研究成果迁移到云计算环境中的研究;北京航空航天大学致力于云计算的数据安全控制理论与方法的研究;解放军理工大学侧重于云存储技术的研发与应用;东北大学侧重于利用云计算技术解决大规模图数据处理问题;山东大学侧重于 SaaS 软件交付平台的研究。另外,在工业界从事云计算相关研究的单位包括华为、TCL 集团、联想集团、阿里巴巴、百度、新浪、腾讯、金蝶软件、中国电信、中国移动等诸多企业。

综上所述,随着网络的可靠性更强、计算机软硬件更加便宜以及虚拟化硬件技术和面向服务的体系结构的发展,越来越多的企业投入到云计算技术的研究、开发与应用当中,越来越多的企业和个人开始使用云计算技术,这不断地促进云计算技术的进步与发展。目前,云计算由于具有高度灵活性、可扩展性、易用性、规模经济效益性、绿色节能环保性等突出优点,已经成为下一代 IT 技术的核心,并被视为继 Internet 之后的下一代网络。

2013 年 5 月麦肯锡全球研究所发布研究报告,预测了未来可颠覆世界的 12 项新技术,这 12 项新技术是从 100 种技术中挑选出来的经济效益最高的技术[16]。其中云计算技术名列第 4,其他分别是移动互联网技术、自动化的知识工程、物联网、先进机器人技术、自动或接近自动驾驶的交通工具、下一代基因组学、能源存储、3D 打印、新材料、先进的石油和天然气勘探技术与发现、可再生能源。其实,云计算技术是移动互联网、自动化的知识工程、物联网及大数据的基础,这些技术只有借助于云计算技术才能够很好地运行。上述报告也预测了云计算技术在 2025 年时每年可以给全球带来 1.7 万亿~6.2 万亿美元的经济效益,具体如图 1-1 所示。

2013 年 5 月,FNS(Financial Systems New)发布的研究报告指出云计算供应商正在经历每年 90% 的增长率[17]。2013 年 6 月,高德纳(Gartner)声称,大多数组织已经或正在改用云邮箱办公系统;Gartner 公司估计,目前大约有 5 000 万云办公系统企业用户,这占全部办公系统用户(不包括中国和印度)的 8%,然而,Gartner 也指出,2015 年上半年已出现向云办公系统的加速转移,到了 2017 年达到 33% 的渗透率。Gartner 副总裁兼研究员汤姆·奥斯丁说:"虽然 8% 的商务人士在 2013 年开始使用云办公系统,但我们估计 2022 年这个数字将增长到 69 千万用户,占 60%[18]。"2013 年 7 月,Gartner 指出,公共云服务持续强劲增长,最终用户公有云服务的开支在 2013 年增长已达 18%,总额达到 1 310 亿美元;2015 年,公共云服务市场规模已超过 1 800 亿美元。Gartner 公司的研究副总裁伊恩伯特伦说:"公共云的初始阻力已经开始消退,客户开始意识到公共云服务的效率与解决方案的成熟"[19]。2013 年 8 月,Gartner 根据最近的调查发现,只有 38% 的受访机构表示目前正在使用云服务;然而,80% 的企业表示在

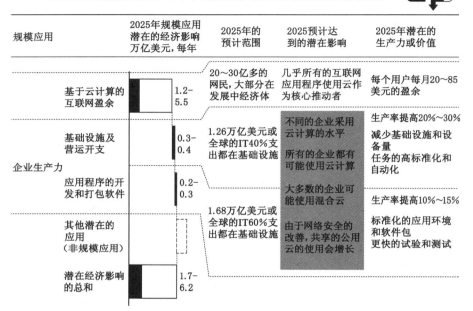

图 1-1　云计算技术在 2025 年预计达到的经济效益

未来的 12 个月内,他们打算使用某种形式的云服务[20]。

2017 年 2 月,Gartner 公司指出,全球公共云服务市场在 2017 年增长了 18%,总额为 2 468 亿美元,高于 2016 年的 2 092 亿美元。最高的增长将来自云系统基础设施服务(基础设施即服务 IaaS),2017 年增长了 36.8%,达到 346 亿美元。云应用服务(软件即服务 SaaS)预计将增长 20.1%,达到 463 亿美元(见表 1-1)[21]

**表 1-1　　　　　　　　全球公共云服务市场及预测**　　　　　　　　百万美元

| 服务类型 | 2016 年 | 2017 年 | 2018 年 | 2019 年 | 2020 年 |
|---|---|---|---|---|---|
| Cloud Business Process Services（BPaaS）云商业处理服务 | 40 182 | 43 772 | 47 566 | 51 652 | 56 176 |
| Cloud Application Infrastructure Services（PaaS）云应用基础设施服务 | 7 169 | 8 851 | 10 616 | 12 580 | 14 789 |
| Cloud Application Services（SaaS）云应用服务 | 38 567 | 46 331 | 55 143 | 64 870 | 75 734 |

续表 1-1

| 服务类型 | 2016 年 | 2017 年 | 2018 年 | 2019 年 | 2020 年 |
|---|---|---|---|---|---|
| Cloud Management and Security Services 云管理与安全服务 | 7 150 | 8 768 | 10 427 | 12 159 | 14 004 |
| Cloud System Infrastructure Services (IaaS)云系统基础设施服务 | 25 290 | 34 603 | 45 559 | 57 897 | 71 552 |
| Cloud Advertising 云广告 | 90 257 | 104 516 | 118 520 | 133 566 | 151 091 |
| 总计 | 287 831 | 246 841 | 287 831 | 332 724 | 383 346 |

也可以从另外一个角度来了解一下云计算的发展历程,即用"技术成熟度曲线"来回顾一下云计算发展历史。该曲线通过图的方式阐述了一种技术的成熟期、接受程度和社会实际的应用情况,展示了一项技术(五个阶段)是如何随着时间的推移而发展变化的[22]。

科技诞生的促动期(Technology Trigger):在此阶段,随着媒体大肆过度报道、非理性渲染,产品的知名度无所不在,然而随着这个科技的缺点、问题、限制的出现,失败的案例多于成功的案例。

过高期望的峰值期(Peak of Inflated Expectations):早期公众的过分关注演绎出了一系列成功的故事——当然同时也有众多失败的例子。对于失败,有些公司采取了补救措施,而大部分却无动于衷。

泡沫化的低谷期(Trough of Disillusionment):在历经前面阶段仍存活的科技公司经过多方扎实有重点的试验,对此科技的适用范围及限制有了客观的认识和实际的了解,成功并能存活的经营模式逐渐成长。

稳步爬升的光明期(Slope of Enlightenment):在此阶段,有一些新科技的诞生,在市面上受到主要媒体与业界高度的注意,例如:1996 年的 Internet,Web 等。

实质生产的高峰期(Plateau of Productivity):在此阶段,新科技产生的利益与潜力被市场实际接受,实质支持此经营模式的工具、方法论经过数代的演进,进入了非常成熟的阶段。

从以上图可以发现,云计算技术在 2009 年达到过高期望的峰值期,在 2013 年处于泡沫化的低谷期,在 2016 年从技术曲线上消失,Gartner 指出这些技术不是不重要,而是不再是"新兴",而是正慢慢地融入我们的生活,如大数据和云计算等。

# 1.2 云计算学术界

### 1.2.1 国际会议与学术期刊

自云计算概念在 2007 年出现以来,云计算技术就成为学术界和产业界研究与关注的热点内容,引起研究者的广泛重视,同时相关的国际会议和学期期刊为云计算的研究提供了良好的学术环境和研究氛围。下面列举一些云计算知名国际会议与学术期刊。

(1) CloudCom

2009 年,云计算协会(Cloud Computing Association,CloudCom)在挪威注册成立,由全球对云计算技术感兴趣的专家组成。云计算协会是一个全球性非盈利成员组织,其目的是促进云计算技术的发展。云计算协会发起年度"IEEE 国际云计算技术和科学会议(IEEE International Conference on Cloud Computing Technology and Science)"及其相关的研讨会。

2009 年,CloudCom 首届会议在北京交通大学举行,会议至今已举办了 8 届,会议主页为:http://www.cloudcom.org/。第 9 届 CloudCom 会议于 2017 年 12 月 11～14 日在香港举行,主题内容包括:虚拟化、体系结构、物联网与移动云、服务与应用、云中的高性能计算、大数据、安全与隐私。该会议 2017 年的主页是:http://2017.cloudcom.org/。

(2) CCGrid

集群计算、云计算和网格技术国际研讨会(IEEE/ACM International Symposium on Cluster,Cloud and Grid Computing,CCGrid),由 IEEE 计算机协会技术委员会与 ACM 共同发起。其成员包括研究人员、从业人员以及学术界与工业界人员。

第 17 届 CCGrid 于 2017 年 5 月 14～17 日在西班牙马德里举行。主题内容包括:大数据与应用、网络与体系结构、信息基础设施(CyberInfrastructure)与数据中心、编程模型与运行时系统(Runtime Systems)、性能模型与评估(Performance Modeling and Evaluation)、调度与资源管理、移动与混合云(Mobile and Hybrid Clouds)、存储与 I/O、安全、保密性与可靠性。该会议 2017 年的主页是:https://www.arcos.inf.uc3m.es/ccgrid2017/。

(3) The IEEE International Conference on Cloud Computing(CLOUD)

IEEE 国际云计算会议是 IEEE 第一个致力于云计算的国际会议,IEEE 国际云计算会议一直是研究人员和行业的从业者交流最新的基础进展、最近的云计算实践的主要国际论坛,从而来确定新兴的研究题目、定义云计算的未来。

第 10 届 IEEE 国际云计算会议于 2017 年 6 月 25～30 日在美国夏威夷举行。主题内容包括:云服务、云基础设施(Cloud Infrastructure)、云管理与运营(Cloud Management and Operations)、云安全、云性能、伸缩性、可靠性、系统软件与硬件、云中的数据分析、云中的软件工程实践(Software Eng. Practice for Cloud)、云应用、云经济学(Cloud Economics)。

(4) IEEE International Conference on Cloud Engineering (IC2E)

IEEE 国际云工程会议(IC2E)旨在提供一个高质量的综合论坛,供研究人员和从业者交流云计算的工程原理、实践技术(Enabling Technologies)、实践经验。会议汇集了不同级别的云堆栈系统、存储、网络、平台、数据库和应用程序的专家。IC2E 提供端到端的关于云计算技术与挑战的思想,促进研究解决堆栈不同层之间的交互,最终有助于塑造云企业和社会的未来。

2018 年 IC2E 大会于 5 月 17～20 日在美国奥兰多举行。研究领域主题内容包括:大数据管理、平台与分析,云应用与服务,云编程模型、标准(Benchmarks)与工具,云存储与数据库,云处理(批处理与流处理),云安全(保密性、一致性、可信性),边缘技术与雾计算,云中心中的能耗管理,混合云集成,计量、定价与软件授权,移动云计算,多媒体云计算,性能、可靠性与服务水平协议,云中的资源管理与优化,服务的生命周期管理与自动化,虚拟化与集装箱技术,负载调度与迁移(Workload Deployment and Migration),X 即服务(X as a Service),云中的微服务。

工程领域主题内容包括:云平台的设计、实现与运营,基础设施、平台及其他服务形式实践中的设计问题,云运营与使用模式的实验性数据,管理大数据实际的挑战与新兴的技术,围绕数据与分析的平台和服务,云管理系统、工具与集成的经验,云安全(保密性、一致性、可信性),云资源管理,云中心的能耗管理,云编程模型、标准(Benchmarks)与工具,云运行模式(公共云、本地云与混合云的集成 Cloud Operating Models Including, Public, on-premises and Hybrid Integration),云计算经济学(包括计量、定价、计费和许可证管理),服务的生命周期管理与自动化,云运行环境(包括虚拟化、容器、单核心 Unikernels),事件驱动免服务器的计算(Event-driven Serverless Computing)。该会议 2018 年的主页是:http://conferences. computer. org/IC2E/2018/cfp. htm。

(5) ACM 云计算专题会议 ACM Symposium on Cloud Computing(SoCC)

ACM SoCC 云计算专题会议汇集了对云计算感兴趣的研究者、开发者、用户、从业者。ACM SoCC 是数据管理专业组和操作系统专业组共同发起的唯一会议。其宗旨是在学术界与产业界之间建立沟通交流的桥梁,对云计算系统和数据管理的研究、开发、实践和经验提供指导意见。

2017 年第 8 届 ACM SoCC 于 9 月 25～27 日在美国加利福尼亚州圣克拉拉举行。该会议研究领域主题内容包括:管理与交易,数据库作为服务的应用与分析,跨数据中心的数据管理,数据服务架构,数据市场,分布式并行查询处理,分布式系统,能源效率和管理,容错性、高可用性和可靠性,物联网基础设施,大型云应用程序,多租户,网络和安全数据网络系统,服务平台,数据和计算的隐私,编程模型,供应和计量,查询优化,资源管理,科学数据管理,基础设施和服务的安全,服务水平协议,存储系统和新技术,事务模型,虚拟化、容器、虚拟机。该会议 2017 年的主页是:https://acmsocc.github.io/2017/index.html。

除了上述专题会议外,大数据、分布式系统、软件工程、面向服务的计算机、移动计算机、物联网等方面的国际会议也将云计算作为主要研讨内容。

(6) *IEEE Transactions on Cloud Computing*

*IEEE Transactions on Cloud Computing* 发表的文章是经同行评议的、与云计算相关的所有领域取得的创新研究思想和应用成果,涉及云计算所有领域的新理论、算法、性能分析和应用技术。

该期刊的主要研究领域包括云安全、云隐私和实用性之间的权衡、云标准、云计算架构、云开发工具、云软件、云备份和恢复、云互操作性、云应用管理、云数据分析、云通信协议、移动云、云中数据丢失责任问题(Liability Issues for Data Loss on Clouds)、云数据集成、云中大数据、教育云、云技能、云能耗、商务云应用、云教育应用、云产业应用、基础设施即服务(IaaS)、平台即服务(PaaS)、软件即服务(SaaS)和业务流程即服务(BPaaS)。

(7) *Journal of Cloud Computing:Advances,Systems and Applications* (*JoCCASA*)

*Journal of Cloud Computing:Advances,Systems and Applications* 是一个同行评审的开放期刊,由施普林格出版。期刊出版跨越云计算所有方面的研究成果,主要关注云应用、云系统和云计算研究的进展,另外该杂志还发表有深刻见解的评论和综述的文章,并为进一步的探索和实验工作奠定基础。

该期刊主要研究内容包括:云计算先进理论,云计算实际应用,云计算系统研究,数据库可用性,虚拟化的硬件存储、处理、分析和数据可视化,云管理,可信性、保密性以及云互操作性等问题。

## 1.2.2 国内云计算会议

(1) 中国云计算大会

中国云计算大会于 2009 年 5 月 22 日召开第一届,在 2017 年 6 月 13 日召开了第九届。中国云计算大会是国内最高级别的云计算领域会议,在国家主管部门指导下,由中国电子学会主办,目前已经到了第九届,九届云计算大会是中国云计算进程的缩影,反映了中国云计算发展的进程。

(2)中国云计算学术大会

由中国通信学会主办的中国云计算学术大会(Chinese Conference on Cloud Computing,CCCC)作为国内云计算领域的主要学术会议,旨在为国内学者提供一个学术交流和成果展示的平台,促进国内云计算学术研究和应用的发展,为来自国内外高等院校、科研院所、企事业单位的专家、教授、学者提供一个云计算和大数据产、学、研、用界最高水平的信息沟通平台,云计算和大数据创新成果展示与推广的渠道。

2016 年 12 月 16 日~18 日,第七届中国云计算学术大会中国在长沙举行,该会议研究领域主题内容包括:

方向 1:云计算和大数据的架构和基础理论。包括透明计算与主动服务,云计算和大数据基础设施,软件定义存储、软件定义网络、软件定义数据中心,云计算和大数据的性能改进与硬件优化,云计算、大数据、物联网和社会网络的集成平台,云计算服务迁移的最佳实现,软件定义的云计算基础理论和方法,新型大数据存储技术与平台。

方向 2:面向云计算和大数据的软件工程、工具和服务。包括网构化软件,基于云模式和数据驱动的新型软件,平台即服务、DevOps 和 API 管理,新型程序设计模型、质量度量、评价和管理,云计算和大数据的信息生命周期管理,云服务的业务流程和工作流管理,新型云应用系统、大数据的新理论和计算模型,基于大数据的软件智能开发方法和环境。

方向 3:软件即服务、大数据分析、建模与应用。包括大数据分析应用与类人智能,软件即服务的业务模型、开放数据,数据即服务和决策即服务,大数据信息生命周期管理,大数据分析算法、知识发现、数据工程,大数据的视觉化分析,大规模分布式知识管理。

方向 4:云计算和大数据的业务模型和应用系统。包括云计算和大数据在不同领域的新型业务模型和应用,API 管理,API 生态系统和 API 经济,工业互联网和分析,云端融合的感知认知与人机交互,基于数据流的大数据分析系统,面向云计算的网络化操作系统,面向特定领域的大数据管理系统。

方向 5:云计算和大数据的安全、隐私、可信和质量。包括云计算和大数据硬件/软件的可靠性、验证与测试,云计算和大数据的可信计算和自主计算,云计算和大数据的容错,云计算和大数据的安全和隐私。

方向 6:计算智能与神经科学。包括海量脑数据(包括脑环路和联结组学数据、高密度成像数据、大规模认知功能测量和脑疾病研究数据)分析的方法,大尺度的认知(包括记忆、决策、语言)功能脑系统计算模拟、跨层次(分子,细胞,多尺度网络,动态系统和行为)机制的分析,计算神经科学,认知系统与应用,数据挖掘,进化计算,模糊系统,粒计算,混合智能系统,图像和信号处理,神经网络,模式识别,机器人与控制应用程序,群体智能脑机接口。

方向 7:大数据分析应用与类人智能。包括大数据知识工程基础理论及其应用研究,面向大范围场景透彻感知的视觉大数据智能分析关键技术,跨时空多源异构数据的融合、开放共享技术与平台。

方向 8:云端融合的感知认识与人机交互。包括人机交互自然性的计算原理,云端融合的自然交互设备和工具,支持大数据理解的头戴式无障碍呈现技术。

(3)中国云计算技术大会

中国云计算技术大会(Cloud Computing Technology Conference,CCTC)由国内最大开发者社区 CSDN 主办,是业内极具影响力的云计算和大数据技术年度盛会,会议解读本年度国内外云计算技术发展最新趋势,深度剖析云计算与大数据核心技术和架构,聚焦云计算技术在金融、电商、制造、能源等垂直领域的深度实践和应用。该会议 2017 年的主页是:https://cctc.csdn.net/。

(4)中国国际云计算技术和应用展览会

展会邀请了国内外龙头企业参展,组织重点采购商等专业观众参观展览,为供需双方合作搭建市场推广和行业应用的平台。展会同期还举办了技术、产业与应用论坛。

第二届中国国际云计算技术和应用展览会于 2014 年 3 月 4 日在北京开幕,工业和信息化部软件服务业司司长陈伟在会上透露,云计算综合标准化技术体系已形成草案。工业和信息化部要从五方面促进云计算快速发展:

(1)要加强规划引导和合理布局,统筹规划全国云计算基础设施建设和云计算服务产业的发展;

(2)要加强关键核心技术研发,创新云计算服务模式,支持超大规模云计算操作系统、核心芯片等基础技术的研发,推动产业化;

(3)要面向具有迫切应用需求的重点领域,以大型云计算平台建设和重要行业试点示范、应用带动产业链上下游的协调发展;

(4)要加强网络基础设施建设;

(5)要加强标准体系建设,组织开展云计算以及服务的标准制定工作,构建云计算标准体系。

第五届中国国际云计算技术和应用展览会暨论坛(Cloud China 2017)于

2017 年 5 月 3 日~4 日在北京国际会议中心隆重举行。

目前国内没有专门关注云计算研究的知名期刊,但是在国内一些知名期刊都会刊登云计算研究的文章,比如《计算机学报》《软件学报》《电子学报》《通信学报》《计算机研究与发展》《计算机集成制造系统》以及国内各知名高校的学报等。

## 1.3 云计算的基本概念、研究进展和关键问题

### 1.3.1 云计算的定义

不同的学者、研究机构和公司对云计算给出了不同的定义,典型的云计算定义如下:

M. Armbrust 等[23]对云计算的定义为:通过 Internet 作为服务发布的应用程序或应用软件,也包括提供服务的数据中心(硬件和系统软件);提供的这些服务通常称为软件即服务,数据中心的硬件和软件称为"云"。当公众可以通过即付即用的方式使用"云"时,此"云"就是公有"云"(Public Cloud),出售的服务就称为效用计算(Utility Computing);与公有云对应的私有云指企业或组织内部的数据中心,不对外提供服务。

伯克利研究人员关于云计算的定义如下:云计算指通过互联网提供服务,且提供服务的软件和硬件放在数据中心里,数据中心里的软件和硬件被称为云,提供的这些服务被称为软件即服务,当一个云被普通的大众通过即买即用的方式使用时,就被称为公有云[24]。

R. Buyya 等[25]将云计算定义为:云计算是一种并行分布式系统,由许多相互连接的虚拟化的计算机构成,能动态地配置;基于服务提供者与其消费者之间建立的服务等级协议,提供一种或多种统一的计算资源。

美国国家标准与技术研究所关于云计算的定义是[26]:云计算是泛在的、便捷的、按需通过网络获取的、可配置的共享计算资源池(例如:网络、服务器、存储、应用程序和服务)模型,该模型通过对资源最小的管理,就可以快速地部署和发布。

I. Foster 等[27]将云计算定义为:一种被规模经济驱动的、大规模分布式计算范式,其部署在互联网之上,由抽象的、虚拟化的、动态放缩的、可管理的计算能力、存储、平台和服务构成,按需对外提供服务。

L. M. Vaquero 等的定义是[28]:云计算是巨大的、容易使用和访问的虚拟资源池(比如:硬件、开发平台或服务)。其资源可根据负载的变化动态地配置,以优化资源的使用。资源按使用模式收取费用,服务提供者确保客户定制的服务

质量要求。

通过对以上各种云计算的定义的分析与归纳,笔者认为云计算是:基于虚拟技术的、动态放缩的、能快速部署和发布的共享资源池,该资源池通过 Internet 按需提供可定制服务的一种计算范式。

### 1.3.2　云计算的特征

云计算发展至今尚无统一的标准,不同的组织根据自己的业务和技术优势来开发自己的云计算体系结构,导致不同的云计算体系结构具有不同的特征,但是概括来说云计算具有以下基本特征:

（1）资源的虚拟化。在云计算中资源是以虚拟化的形式提供给用户的,这里不同的公司使用的技术也是不同的,比如 Google 采用多租户共享的体系结构 Multitenant Architecture,微软采用的是 Hypervisor。

（2）按需提供定制的服务。云计算中服务提供者根据客户申请的资源需求提供服务,并可实时动态地调整资源,以满足用户的性能要求,同时维持系统的效率与能耗。

（3）可伸缩性。用户需要的资源可以动态地、接近实时地、自助细粒度地按需提供[29,30],且用户不必担心最大负载[31]。

（4）规模经济效益。由于云计算数据中心通常由数万到几十万甚至数百万的计算机组成,而且大公司的技术实力、员工的技术水平也比一般公司强,因而数据中心台均管理、运行、维护成本与维护几台、几十台计算机组成的中小数据中心相比要低得多。

（5）易于访问性（泛在性）。用户可以通过互联网,使用标准的机制,通过各式各样的瘦客户或胖客户平台（例如:移动电话、笔记本电脑、PDA 等）访问云服务[26]。

（6）高效节能。通常传统的服务器的利用率仅为 $10\% \sim 20\%$[32],在云计算中通过虚拟机动态迁移技术可以提高服务器的利用率,进而达到高效节能的目的[33]。

### 1.3.3　国内外相关研究现状

云计算是借助于网络技术和虚拟化技术向用户提供服务资源的计算范式。这些资源包括计算、存储、平台和应用资源。有关的研究和应用涉及面很宽,因笔者的知识所限,下面仅就云计算环境下资源部署与任务调度等方面的研究情况进行简要介绍和分析。

（1）数据密集型应用研究现状

目前各种各样的数据密集型应用都有自己的数据部署与调度管理策略,在数据的部署阶段,主要关注对数据的建模分析,优化数据的部署,很少关注跨数据中心数据移动次数和数据移动量优化问题。在数据密集型的应用领域,由于计算需要处理大量数据,而这些数据位于云计算系统的不同位置,为了有效地处理这些数据,需要智能策略来选择数据中心。另一方面,由于数据量巨大,数据的部署成为一个挑战性问题。在传统的分布式系统中,关于数据部署问题已经进行了了研究。T. Xie[34] 提出了能量感知的独立冗余磁盘阵列(Redundant Array of Independent Disk,RAID)结构存储系统的数据布局方案。T. Kosar 等[35] 提出一个用于网格系统中的调度方法,该方法确保数据部署在一个容错的环境下被动态地监控、调度和管理。J. M. Cope 等[36] 提出了在计算紧迫环境下确保数据鲁棒性的数据部署策略。在基础设施层次上,NUCA[37] 属于数据部署复制策略,能够减少分布式缓存的访问时间。然而以上这些研究都没有关注减少基于互联网的不同数据中心之间数据移动次数和数据移动量。

B. Ludäscher 等[38] 在数据网格的环境下使用了一种面向角色的数据建模方法;T. Oinn 等[39] 和 M. Wieczorek 等[40] 各自定义了流程语言来表示数据流。任务在执行阶段,系统往往采用特定的数据网格来对数据进行调度管理,使用的网格分别为 SRB[41] 系统、RLS 系统[42]、Gridbus[43] 网格服务代理系统。构建数据网格的主要目的是为分布式环境下的数据密集型应用提供数据存储,用于实现分布式环境下海量数据集的移动、访问和修改[44]。然而,不论在数据的部署阶段,还是在任务的调度阶段,这些系统数据的管理方法都没有考虑数据之间的依赖关系,也不能减少跨数据中心的数据移动量。

云计算环境下的数据管理系统,如 Google 文件系统[45] 和 Hadoop[46],它们的数据存储于其数据中心,但是这样的实现过程对用户来说是隐藏的。Google 的文件系统主要被设计用来进行 Web 搜索,不同于一般的科学研究的数据密集型应用。Hadoop 是一个更加一般的分布式文件系统,它自动地对文件进行分块,随机在数据中心部署这些数据块。L. Z. Wang 等[47] 提出了一个单数据中心环境下的云架构,这在目前的云计算环境下不太适合于全球化的信息处理。以上这些都没考虑数据之间的依赖性,也不能减少任务执行过程中的数据移动次数、数据移动量和提高系统的执行性能。针对数据间的依赖关系,D. Yuan 等[48] 提出了云计算环境下一种基于 K-means 聚类策略的科学工作流数据布局方案。该策略由两个算法组成,首先在初始化阶段,通过 K-means 聚类算法把已经存在的数据根据相关性形成 K 个数据集;其次在运行阶段将基于相关性动态聚集形成的数据集配置到最合适的数据中心。仿真实验表明,这种方案能有效地减少数据的移动。

（2）服务性能优化的研究现状

在大规模离散分布式系统中，一个主要性能问题是如何确保在资源波动的情况下，在预期的时间内完成任务。以前的技术研究中，主要采用提前预约、重新调度和资源迁移等技术来确保任务按期完成[49-51]。由于任务调度是一个 NP问题，现已提出的一些方法主要是启发式算法，如 Max-min，Sufferage[52,53]，主要用于优化任务的执行时间，但不太适用于基于互联网的数据密集型应用。

由于云计算中的资源比网格中的资源可靠，将云中的资源作为网格资源的额外的补充是个合理的选择，Y. C. Lee 等[54]提出了使用云资源通过重新调度来增强完成工作的可靠性；在其管理策略中云计算资源只是作为补充，当利用网格中的资源完成工作任务出现延时，通过重新调度，把任务调度到云中来处理，实验结果显示这种方案能有效地减少工作的延时。X. Z. Kong 等[55]基于虚拟化数据中心提出了高效动态资源调度方案，主要考虑了资源的可用性和响应时间，采用了模糊预测的方法，实验结果显示该方法能从总体上改善虚拟数据中心资源的可用性和系统响应时间。另一方面云计算是根据用户使用的流量或时间来收费的，当计算涉及大量的数据时，如何减少费用就成为一个问题，S. Pandey等[56]对此提出了一种基于粒子群优化的方法来优化费用。然而同时关注最优化任务处理时间和任务处理费用的研究较少。

目前的服务平台向用户提供服务，应用部署在按需提供的基础设施之上，这样的平台对云服务提供商来说降低了操作费用，对中小型企业来说降低了企业运行维护的难度和成本。但是目前的商业解决方案对一些应用不能确保 QoS（Quality of Service），例如它们不能保障实时的交互式应用。对于互联网，动态实时交互一直以来都是研究的重点内容。对于 IP 包交换网络，已有两个由IETF 提出的用于保障 IP 网络 QoS 的范式：综合服务（Integrate Services IntServ）[57]和区分服务（Differentiated Services DiffServ）[58]，这两种服务主要解决网络环境下 IP 数据的传输和控制问题，但不能解决云计算环境下的任务调度问题。对此 D. D. Clark 等[59]考虑混合实时流量和非实时流量，采用近似于分组调度的算法，他们主要考虑在综合服务分组网络环境下如何实现实时服务的问题。然而，针对云计算环境关于实时服务的研究目前很少，仅有个别研究者在较高的层上讨论了网络 QoS。N. M. Chowdhury 和 R. Boutaba[60]介绍了网络虚拟化技术的研究历史及现状，讨论了目前的主要挑战，他们强调现有的方案不能进行动态的资源分配。

另外一些研究关注于网络的通信能力，例如，In-VIGO（In Virtual Information Grid Organizations）系统[61]是一个网格方法，提高了抽象层次，通过中间件共享物理资源和虚拟资源，这种方法基本上涵盖了所有方面的虚拟化计算、存储和联网,然而,概念的重点是虚拟计算,也就是说,对网络虚拟化尚未详细论述。F. Palmieri 等提出一个基于光纤[61,62]和多协议标签交换(Multi-Protocol Label Switching,MPLS)[63]网络的进化网格的设计方法,对于相互连接的数据中心而言,这种方法被看作是一个有价值的候选方案。

(3)数据中心能耗优化的研究现状

云计算要向全球范围内的用户提供面向效用的 IT 服务,就需要大量分布在世界各地的数据中心作为支撑。这些数据中心不但消耗大量的电能,例如:一个普通数据中心的能耗量相当于 25 000 个家庭[64]的用电量,同时花费高成本的应用维护费用,而且由于高能耗导致排放大量的二氧化碳,而对环境产生不利影响,因此我们需要可持续的计算,需要绿色的云计算。但目前大多数数据中心考虑优化资源部署与任务调度时没有考虑优化能源效率。因此需要研究在保证高性能的前提下,在资源部署与任务调度时,如何既优化性能又优化能耗与效率。

绿色云计算被设想为不但能实现云基础设施的有效利用和运行,而且能减少能源消耗[65]。为了解决能耗问题和推动云计算的发展,数据中心资源需要从能源效率方面进行管理。特别是云资源的管理既需要满足消费者的服务质量要求,也要考虑满足降低能源消耗的要求。E. Pinheiro 较早对能耗优化进行了研究[66],提出了异构集群计算环境下,服务于 Web 应用集群的能耗最小化方法,主要关注的是物理节点的负载最小化和关闭空闲节点。其算法的主要思路是预测监控负载资源使用情况,决定节点关闭或开启以使总的能耗最小,并达到期望的性能。其主要缺点是算法运行在主节点上,单点失败便会导致系统瓶颈,另外重新配置会非常耗时,而且一次只能添加或移除一个节点,对大规模环境反应非常慢。J. S. Chase 等[67]研究了托管的互联网中心同构环境下高效节能管理问题,其主要的挑战是根据当前负载水平确定每个应用的资源需求并且以最有效的方式分配资源,为解决这个问题,作者采用了经济学的框架,根据所需数量和质量竞标服务资源;这需要考虑当前可用的预算和当前 QoS 需求来确定服务等级水平,也就是要平衡使用资源的费用和相应的收益。系统维持一个已选者的服务动态集服务于每个服务请求,当需要的时候,网络开关动态配置以改变动态服务集,同时将空闲服务器转换到低能耗状态以降低能源消耗;由于系统的主要目标在 Web 负载,当加载数据时会导致"噪声",作者利用统计触发过滤器来解决这一问题,统计触发过滤器能减少不可预测的重新分配数并且更加稳定,效率更高;提出的方法适应于多应用可变服务等级水平环境,为在数据中心级节能资源分配的研究打下了基础;主要缺点是只考虑了 CPU 的管理,而没有考虑系统的其他资源,也没有考虑节点开启的延时;另外,和文献[64]一样,没有考虑变化多样的软件配置,这可以通过虚拟化技术来实现。E. M. Elnozahy 等[68]研究了在固定服务等级协议（Service Level Agreement，SLA）中单个 Web 应用和负载平衡问题，像文献[65]中一样，采用了两种节能策略，其一是计算节点开关的开启问题，其二是动态电压频率伸缩（Dynamic Voltage and Frequency Scaling，DVFS）。其主要思想是在响应时间内估计需要提供的总 CPU 频率，以决定物理节点的数量，设定所有节点频率百分比。没有考虑节点能源开启的转换时间，另外只有单个应用在系统里运行。R. Nathuji 和 K. Schwan[69]首先研究了在虚拟数据中心环境下的节能问题，他们同时考虑了硬件的伸缩性和虚拟化，并且运用了称为软资源伸缩的能源管理新技术，其方法要点是仿效硬件伸缩，通过监控虚拟机、优化调度来减少虚拟机使用能源的时间，结果表明，软硬件结合的方法能很好地节省能源。以上研究在资源部署和调度时，仅仅考虑了资源的最小利用、资源收益，没有考虑到降低资源利用的同时保证系统服务性能的问题。

R. Raghavendra 等[70]从控制理论的角度研究了数据中心的能耗管理问题，通过反馈控制环协调控制系统资源，与此前的研究一样，其系统仅仅处理 CPU 的管理问题，并且不支持严格的服务等级协议和针对不同应用的可变服务等级协议。这些缺陷使之仅适用于企业，而不适用于云计算，因而更加综合地支持服务等级协议的管理策略是云计算的核心。D. Kusic 等[71]研究在虚拟异构环境中，把能源管理作为一个序列优化问题，并限制为有限前向控制（Limited Lookahead Control，LLC）问题。其目标是最大化资源收益、最小化能源消耗和服务等级违反率。研究中卡尔曼滤波器被用来估计将来请求的数量、预测系统的将来状态，进而完成必需的资源分配。其提出的模型对于具体的应用调整需要基于模拟的学习，而由于模型的复杂性，对于 15 个节点，优化控制点的执行时间就达到了 30 min，这显然不适应于大规模的真实环境。

S. Srikantaiah 等[72]研究了虚拟异构系统中的多层 Web 应用请求调度问题，主要目的是优化能耗，满足性能需求。为了对多个资源进行优化处理，作者提出了启发式的多维装箱方法来解决负载和能耗的优化问题。然而，他们提出的方法是负载类型和应用相互依赖，不适应于通用的云计算环境。M. Cardosa 等[73]利用现代虚拟机管理系统所支持的最大、最小和共享参数，研究了虚拟异构环境下虚拟机部署的能效问题，最大、最小即允许用户指定虚拟机使用 CPU 的最大时间和最小时间，共享参数决定了共享比例。和文献[68]相似，该方法适合于单个企业内部，不适合于严格的服务等级协议。其他的限制是虚拟机的分配是静态的，不适应动态分配。A. Verma 等[74]明确地阐述了在虚拟异构系统下能量感知的动态部署优化问题：通过虚拟机的动态部署来优化性能，最小化能源消耗。像文献[70]一样，作者运用了 0/1 背包算法来解决部署优化问题。和文献[67]类似，在每个时间帧，通过虚拟机的迁移来获得一个新的部署，由于负载的变动会导致服务等级协议被破坏,因此该方法也不适用于严格限制的服务等级需求。

网络基础设施的能耗优化也是一个备受关注和研究的重要问题。M. Gupta 等[75]把处于空闲状态的网络接口、链接、交换和路由调整到节能模式或睡眠模式,以降低能耗。在此基础上,许多研究者借助于网络服务提供商的网络设备性能的伸缩性并应用网络设备的睡眠模式,对通信路由的能源效率进行了研究[76,77],主要优化网络的性能和能耗。L. Chiaraviglio 和 I. Matta[78]提出了联合网络服务提供商和服务内容提供者,通过对计算资源和网络路径有效地分配和调度,在满足性能的前提下使能耗最小化的解决方案。M. Koseoglu 和 E. Karasan[79]运用类似的方法,在网格环境下基于突发交换技术联合分配计算资源和网络路径使任务完成的时间最小。L. Tomás 等[80]研究了在网格环境下考虑网络数据传输并满足 QoS 需求情况下的消息调度传递接口问题。E. Dodonov 和 de R. F. Mello[81]提出了一种网格环境下基于通信事件预测的分布式应用调度方法。该方法能有效地运行在网格环境,然而不适用于虚拟数据中心,原因是虚拟数据中心的虚拟机迁移费用高于通信处理迁移费用。L. Gyarmati 和 T. A. Trinh[82]也研究了隐含的数据中心网络体系结构的能耗问题,但其对网络结构的优化针对的只是网络构建阶段,而不能动态地优化。C. Guo 等[83]研究了在满足带宽前提下,虚拟机管理系统的资源分配问题;资源分配由启发式算法决定,启发式算法主要优化带宽利用率,然而该方法不能明显地优化能耗。L. Rodero-Merino 等[84]提出在云基础设施层上增加额外层的方法,动态地部署虚拟机。该方法在基础设施管理层应用了虚拟机伸缩配置规则,但是系统不能优化网络和虚拟机间的通信。R. N. Calheiros 等[85]研究了虚拟机到物理节点网络通信问题,但是没有考虑能量消耗问题。

## 1.3.4 云计算存在的关键问题与主要挑战

目前云计算在发展过程中依然面临一些障碍,在实施过程中面临一些挑战,主要表现在以下几个方面:

(1) 缺乏统一的行业标准。由于云计算技术相对比较新,标准仍然在形成中,许多平台和服务都有自己的特征,且建立在自己的标准、协议和开发工具之上。比如平台即服务的云计算体系结构,Google 采用的是 Google's geo-distributed architecture,微软采用的是一个互联网级的运行于微软数据中心系统上的云计算服务平台,它提供操作系统和可以单独或者一起使用的开发者服务[86]。但这一标准不统一的问题可能会随着云计算的发展逐步得到解决,例如由美国国家航天局和 Rackspace 公司于 2010 年创立的,目前由 OpenStack 基金会管理的开放性标准 OpenStack,已得到包括 AMD、Intel、Canonical、SUSE Linux、Red Hat、Cisco、Dell、HP、IBM、Yahoo 和 Vmware 等大多数业界巨头的支持,有望很快成为行业标准。

(2)资源的管理问题。由于用户通过互联网接受云计算提供的服务,所以对资源的管理提出了更高要求。云计算服务提供商要接受用户的请求,并根据用户定制的服务要求提供相应的服务,同时云计算中用户的类型复杂,处理的任务多样,因此要求云计算资源管理系统应能够自动地发现合适资源,自动地进行资源部署、资源监控、资源调度,实现动态的资源分配,满足用户的服务要求。

(3)数据的传输与大规模存储问题。由于应用程序数据密集性日益增加,这些应用很可能跨越不同的云,而数据中心之间的带宽往往有限,因此数据的部署、存储、传输成为一个新的问题。

(4)数据的安全和隐私问题。由于云计算建立在公共的网络上,而不是私有网络上,并且按需共享的特性也使其服务更容易受到攻击,因此 2008 年 6 月 Gartner 发布了云计算安全风险评估报告,提出了用户在选择云计算提供商之前需特别注意的 7 个安全问题:特权用户、法规标准、数据位置、数据隔离、恢复、调查支持(Investigative Support)、长期可用[87,88];2009 年 11 月欧洲网络与信息安全署(European Network and Information Security Agency,ENISA)发布了云计算的"效用、风险、信息安全建议"报告,其中列举了云计算的 8 个特别重要的风险:失控、锁定、合格风险、管理界面平衡、故障隔离、恶意的内部人员、不安全的或不完整的数据删除、数据保护[89]。

(5)能耗管理问题。Google 的 Luiz Barroso 提出了数据中心就是计算机[90]的论断;云计算中的数据中心接受用户的请求,并提供相应的服务,云计算提供商像 Amazon、IBM、Google、Microsoft 等在全球各地建立了许多数据中心来提供云服务,导致云应用程序要消耗巨大的能耗,因而给高效的能耗管理带来了更大的挑战。

# 1.4　本书内容及安排

资源部署与调度对于大规模、复杂系统而言,是保证系统性能、满足客户需求、提高资源利用率的基础和前提。在云计算环境下,资源的类型复杂,任务多样,数据量和系统能耗均巨大,从而对资源部署与调度提出了新的要求和挑战。合理、优化的云计算资源部署与调度需要做到:改善云计算提供者提供资源的能力以满足客户的服务等级要求;根据用户的 QoS 要求,改善服务质量;在不增加系统软硬件的情况下,增强系统的负载处理能力和系统动态适应能力;当系统遭遇自然灾难和持续性故障时,能够将服务透明地迁移到其他正常域;既增强业务的连续性,又增强资源提供的可靠性。显然,研究云计算环境下的资源部署与调度问题及其解决方案,对于云计算的理论研究和应用实践均具有重要的意义和价值。本书即以此作为主要研究内容,共包含 7 章,各章的具体内容如下:

第 1 章绪论部分。

主要阐明了云计算的发展历程、定义、特征,对国内外云计算资源管理调度的研究现状进行了简要综述和分析,指出了云计算研究和应用当前面临的一些主要问题与挑战,介绍了本书的主要内容及其安排。

第 2 章介绍了相关的基础知识、概念和技术。

主要阐述了资源部署与任务调度的内容、目的以及与资源管理相关的云计算系统架构、部分关键技术。

第 3 章主要研究云计算环境下基于关联量的数据部署与任务调度方法。

在科学研究、数据统计分析等领域,一方面数据量非常巨大,并且数据属于位于世界各地的不同科研院所或公司;另一方面世界各地的科学家或公司的不同研究部门要参与同一任务的研究,所以数据的部署和任务的调度对提高任务的执行效率就显得非常重要。本章分析了云计算环境下科学工作流的特点,理清数据间的关联关系,基于此关联关系建立数据间基于最大关联量的数据依赖模型,通过此依赖模型建立关联矩阵,通过键能聚类算法将关联矩阵转化为聚类矩阵;然后基于最大测量值设模型通过 $K$ 分割法对聚类矩阵进行分割,最终形成部署和调度方案,通过任务调度器将 $K$ 个部分部署到相应的数据中心,任务调度到数据中心,完成数据的部署和任务调度。仿真结果表明,上述模型和算法能有效地减少数据的传输次数和传输量,从而提高系统的性能。

第 4 章主要研究基于粒子群算法的任务调度优化方法。

针对云计算环境下根据用户申请的资源性能和传输的数据量收取使用费用问题,分别对传输时间、处理时间、传输费用和处理费用等进行优化研究。首先分析了云计算环境下数据与任务间的关系,建立了云计算环境下的处理交互图,据此阐述云计算环境下的数据部署和任务调度;基于处理交互图建立了多目标优化的数学模型,并设计了相应的粒子群优化算法,同时优化时间、费用;鉴于粒子群优化算法易于陷入局部最优,设计了基于变邻域搜索的粒子群优化算法;最后通过仿真实验验证了上述模型和算法的有效性。

第 5 章主要研究数据中心环境下能耗性能感知的优化方法。

针对性能和能耗的优化,研究了主机的功耗和 CPU 利用率之间的关系,建立功耗模型,以便更加准确地计算主机的能耗;另外主机的能耗和性能是相互矛盾的,所以优化时两者要兼顾,以优化性能和能耗;鉴于服务器的利用率通常在

10％～50％,运用虚拟化技术研究了虚拟机动态的过载检测、轻载检测、虚拟机迁移策略、虚拟机部署方法,动态地调整和迁移虚拟机,以实现节能。本章通过分析主机能耗与 CPU 利用率之间的关系,揭示了 CPU 的利用率是影响主机能耗的主要因素,并对现有的部分功率模型进行了分析,基于主流的服务器建模分析方法对其进行了改进,并提出了指数型功率模型;提出了一种虚拟机部署算法,可动态地整合虚拟机,以优化主机的性能与能耗。仿真结果证实,提出的上述方法和算法能有效地提高服务器的性能、降低总的能耗。

第 6 章主要研究基于排队论的性能指标动态优化方法。

针对云计算环境下基于排队论模型的系统性能参数优化问题,主要是确定在部署多少服务器情况下,客户可以获得什么样的服务质量;对确定数量的客户提供客户需要的服务质量,需要部署多少服务器;在特定的客户到达率和一定数量服务器的情况下,如何优化资源的调度,提高系统的性能,满足客户的需求(这些问题可以很好地通过排队论来解决),对多到达两服务窗能力不等的排队模型进行了理论的研究,对多服务多窗口能力不等的排队论模型进行了仿真分析,并设计了综合的优化方法和策略。本章对多到达两服务窗能力不等的排队论模型进行了建模、分析,证明了其稳态解存在的条件,并对各个性能参数的具体表达式进行了理论推导和仿真验证,进而研究了多到达多服务窗能力不等的排队论模型,并针对其设计了综合的优化策略和算法。仿真结果显示该策略和算法能很好地优化有关的性能参数。

第 7 章对本书进行了总结,并对未来工作进行了展望。

本书研究侧重于云计算环境下联合资源管理研究,研究内容属于《国家中长期科学与技术发展规划纲要(2006—2020)》重点领域及其优先主题、前沿技术研究领域之一,以及《国家自然科学基金"十二五"发展规划》优先发展领域之一,国家"十二五"科学和技术发展规划,大力培育和发展战略性新兴产业之一,国家重点基础研究发展计划和重大科学研究计划 2014 年重要支持方向之一。因此本书的研究属于基础前沿应用性研究,研究的成果对促进和丰富云计算、大数据在资源管理建模、算法分析设计、任务调度的基础理论和方法,指导云计算的实际开发、应用方面具有重要的科学意义。

# 第 2 章　云计算环境下资源部署
# 与任务调度基础

　　云计算的主要特点是建立在大规模的数据中心之上,通过规模效益,降低 IT 服务的成本。全球顶级的 IT 技术服务提供商,如 Google、IBM、Amazon、Microsoft 等纷纷投入巨资参与到云计算的研发与建设当中,力争在下一代 IT 技术上处于领先地位并赢得市场,获取收益。云计算就是商品,客户像买商品按需获取服务,包括数据处理、数据存储、应用软件等。经济市场中,商品要想在市场中获胜,靠的是质优价廉。竞争的关键就是性价比,服务提供商必须在保证服务质量的同时尽可能地提高资源的利用率,所以高效的云计算资源管理、部署、调度既是决定云计算能否成功应用的关键因素,也是目前该领域国际性的研究重点和难点。

## 2.1　云计算资源管理概述

　　维基百科指出:在计算复杂度理论中,计算资源的意思是在特定计算模型之下,解决特定问题所要消耗的资源。最简单的计算资源是计算时间、计算解决特定问题需要花费的步骤数以及内存空间、定义解决问题时所要花费的空间。

　　云计算中的资源包括:计算资源、存储资源、网络资源等,其实这些资源都是通过虚拟化技术抽象成服务对外提供的。由于服务质量和资源的占用率、服务质量和能耗存在相关关系,所以在优化资源的时候,我们要综合考虑,而不能偏颇某一方面,在优化资源部署与调度时,要充分考虑所有资源并对其进行联合管理和优化,既要优化服务质量,同时又要优化能耗和成本。

　　关于联合资源管理,到目前还没有明确的定义,但是近年来出现了一种新的供应链库存管理方法——联合库存管理(Jointly Managed Inventory,JMI):是一种在供应商库存管理(Vendor Managed Inventory,VMI)的基础上发展起来的上游企业和下游企业权利责任平衡和风险共担的库存管理模式。联合库存管理强调供应链中各个节点同时参与,共同制定库存计划,使供应链过程中的每个库存管理者都从相互之间的协调性考虑,使供应链各个节点之间的库存管理者对需求的预期保持一致,从而消除了需求变异放大现象。显然,这种新的库存管理策略打破了各自为政的库存管理模式,可以有效地控制供应链的库存风险。由于供应链库存管理与云计算资源管理具有很多相似性,其管理思路和方法非常值得借鉴。Buyya 等指出云计算环境下联合资源管理的主要目的是[91]:改善云计算提供者提供资源的能力以满足客户的服务协议要求;根据用户的 QoS 的要求,通过优化资源部署来改善服务质量;在没有增加系统软硬件的情况下,增强系统的处理能力和系统的动态适应能力;当系统遭遇自然灾难和系统发生故障的时候,系统能把服务透明地迁移到系统的其他域。联合资源管理不但增强了业务的连续性,而且增强了资源提供服务的可靠性。

借鉴计算资源的定义和联合库存管理的定义,本书尝试给出云计算环境下联合资源管理的定义:资源提供者和资源需求者之间为获得性能和能耗的最优化,按某种服务协议要求使云计算中各个节点、各种资源协调一致,实现资源性能、系统能耗的最优化,并且满足用户的服务质量需求。

## 2.2　云计算系统架构

为了更好地理解和掌握云计算系统,需要清晰地掌握该系统的结构、组成及每一部分的功能。但是对于云计算系统的架构,不同的组织和研究机构从不同的出发点,给出了不同的定义,下面具体讨论几种典型的云计算系统架构。

美国国家标准与技术研究所(National Institute of Standards and Technology,NIST)已被美国政府首席信息官指定为采用与发展云计算标准的美国政府技术领导机构,目的是促进联邦政府采用安全高效的云计算,以降低成本,改善服务。NIST 的战略是构建一个 USG 云计算的技术路线图,侧重于云计算的安全性、互操作性和可移植性的要求;领导其他标准机构、私营部门和其他利益相关者并与之密切协商、合作,开发云计算的标准与准则。

NIST 云计算体系结构参考模型如图 2-1 所示[92],它聚焦于云计算服务提供什么功能,而不是如何设计解决方案和实际实现。该模型企图促进对云计算错综复杂操作的理解,但它没有描述一个具体的云计算系统如何实施,相反它是一个用于描述、探讨和开发云计算系统的架构。该参考模型是一个公用的高层参考模型,没有和具体的商业产品、服务、参考模型相联系,也没有定义具体的解决方案(避免因此阻止技术的创新与发展),只定义了在开发云计算体系结构时,需要的参与者(具体的参与者列在表 2-1 中)及其活动、功能。基于角色的模型是为了满足利益相关者的期望,让他们了解角色的职责,以评估和分析风险。

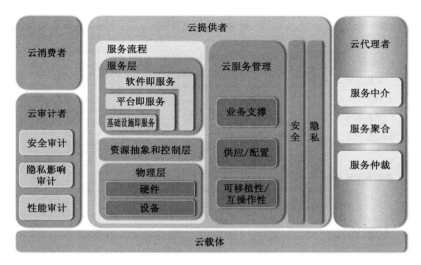

图 2-1　NIST 云计算体系结构参考模型

表 2-1　　　　　　　　　　　　云计算中的参与者

| 参与者 | 定　义 |
|---|---|
| 云消费者 | 使用云服务,且与云服务提供者保持业务关系的个人或组织 |
| 云提供者 | 负责向使用云服务的有关各方提供可用服务的个人、组织或实体 |
| 云审计者 | 一个可独立评估云服务、信息系统运行、云性能、云安全的机构 |
| 云代理者 | 管理云的使用、性能、分发且协商云计算服务提供者与云计算消费者之间的关系 |
| 云载体 | 云计算提供者到云消费者之间、云计算服务和云技术传输的中介 |

这就如同目前网络采用的 TCP/IP 体系结构一样,只定义了整个体系结构的组成及每一部分的功能,但是具体的实现没有定义,可以通过软件来实现也可以通过硬件来实现,只要具有定义好的功能就可以,不用关心具体的技术实现,从而有利于技术的创新与进步。

Q. Zhang 等[93]从云计算提供的服务和功能的角度,定义了云计算的体系结构,如图 2-2 所示,主要包括:

硬件层(物理层):该层对应于云计算系统的物理资源,包括物理服务器、路由器、交换机、电源和冷却系统。该层主要功能包括硬件的配置、容错、传输管理、电源和冷却系统。

基础设施层:也叫虚拟化层,基础设施层通过虚拟化技术,例如:Xen、KVM和 VMware,分割物理资源创建虚拟化的存储和计算资源池。该层是云计算的主要组成部分,许多重要的特性,如动态资源管理,只有通过虚拟化技术才可实

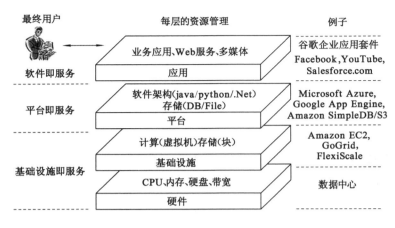

图 2-2 云计算的体系结构

现。本书的研究内容就主要涉及该层。

平台层:平台层包括操作系统和应用程序框架。平台层的作用是使应用程序直接部署到虚拟机容器资源池,使管理和维护工作降到最低。例如,谷歌的App Engine 就运行在平台层,提供 API 支持,以实现典型的 Web 应用程序的存储、数据库和业务逻辑的功能。

应用层:应用层由实际的云应用程序构成。不同于传统的应用,云应用程序可以利用自动调整功能,以实现更好的性能,同时增强系统的可用性,降低系统的运营成本。

由于云计算提供者提供的是效用计算,云计算消费者按需购买云计算提供者提供的服务,通常需要在两者之间建立某种服务等级协议(Service Level Agreement,SLA),其内容一般包括服务的价格、服务的性能、服务的时间等。其实,就像现实生活中的买卖一样,用户自己可以自由地购买所需的服务,也可以通过专业的中介进行买卖。于是 Rajkumar 提出了一种面向市场的高层云计算体系结构[94],如图 2-3 所示。

数据中心或云中面向市场资源部署的高层体系结构主要包括四个实体:用户/代理者、服务等级资源分配器、虚拟机和物理机。其中,服务等级资源分配器充当数据中心或云服务提供者与外部用户/代理者之间的接口,它需要服务请求审查和准入控制、定价、记账、虚拟机监视器、分配器和服务请求监视器之间协调工作,以支持面向服务的资源管理。

当用户提交服务请求时,资源请求审查和准入控制解释用户的 QoS 要求并决定是否接受,以预防由于可用资源的有限性,而不能成功地履行大量的服务请

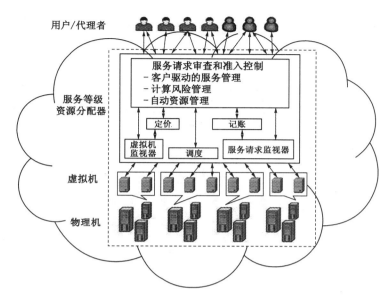

图 2-3　面向市场的高层云计算体系结构

求。为了实现这一目的,就需要获取关于可用资源(由虚拟机监视器获得)和请求的处理情况(由服务请求监视器获得)的最近状态信息,以更有效地确保资源分配决策,这是本书开展研究的基础和依据。

定价:定价机制决定服务请求是如何收费的。例如,可以根据提交时间(高峰/低峰)、定价率(固定/变化)等来收费。定价作为管理数据中心计算资源供给的基础,有利于有效地确定资源分配的有效次序,本书第 4 章在研究中是依据使用资源时间的长短和申请的服务类型(价格是固定的)来计费的。

另外,数据中心作为云计算、物联网、信息-物理融合系统(Cyber Physical System)的基础设施,对电能的消耗非常大。为了优化能耗和提高资源的利用效率,R. Buyya[65]提出了一种绿色云计算基础架构以支持高效能服务部署,如图 2-4 所示。其中的绿色服务分配器在云计算基础设施与云消费者之间起中介作用。绿色服务分配器需要绿色协调器(Green Negotiator)、服务分析器(Service Analyzer)、消费者分析器(Consumer Profiler)、定价、能量检测器(Energy Monitor)、服务调度器(Service Scheduler)、虚拟机管理器(VM Manager)和记账诸实体之间相互协调一致,共同配合来完成高效的资源管理工作。

服务分析器:在提交服务之前,分析和解释服务的请求,做出此决策需要能量检测器和虚拟机管理器提供的有关最新信息。

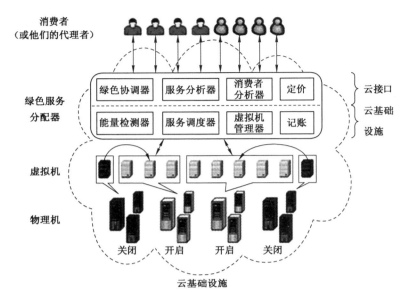

图 2-4　支持高效能服务部署的高层云计算体系结构

消费者分析器:收集消费者的特征信息以使重要的消费者相对于其他消费者能够被授予特权或高的优先级。

能量检测器:检测虚拟机和物理机所造成的能源消耗,并将此信息提供给虚拟机管理器,以做出高效的资源部署与调度决策。

服务调度器:将消费者的服务请求分配到虚拟机,并决定虚拟机需要的资源,同时服务调度器还要决定何时增加或减少虚拟机数量以满足消费者的需要。

虚拟机管理器:跟踪虚拟机以监视其资源的可用性和资源使用情况,它也负责物理机器间虚拟机的迁移。

记账:根据用户实际使用资源的情况计算使用费用,资源使用的历史数据可用于改进资源部署与任务调度策略。

虚拟机:一台物理机器上的多个虚拟机,根据收到的请求情况可动态地开启和关闭,因此,对于不同的服务请求可以配置灵活多样的资源划分。在单个物理机上,多个虚拟机可以同时运行基于不同操作系统的多种应用;同时为了节约能源,通过动态地迁移虚拟机,将工作负载整合,使轻载的主机可以转换到低功率模式、睡眠模式或关闭掉,进而达到节省能源的目的。本书第 5 章的研究即以此为基础。

## 2.3　云计算环境下资源管理与任务调度关键技术

### 2.3.1　虚拟化技术

在计算机科学中,虚拟化是指"计算元件在虚拟的基础上而不是真实的基础上运行,是一个为了简化管理、优化资源的解决方案。在操作系统虚拟化平台上,这种抽象主要涉及计算机硬件组件,包括 CPU、内存、硬盘、网卡等,而这些组件均被视为基本的资源。"[①]利用虚拟化技术,可以增强数据中心的功效,减少管理大规模计算机系统的负担。通过虚拟化技术可以更加准确地控制资源,同时保护主机节点免受发生故障的用户软件的影响。云计算系统由包含大量计算机的数据中心构成,为了实现按需对用户提供服务资源,对资源实现高效的管理和利用,就必须研究和应用虚拟化技术,因此虚拟化技术是云计算的重要组成部分。

当前主流的虚拟化技术分为两大类:完全虚拟化,特点是敏感指令在操作系统和硬件之间被捕捉处理,客户操作系统无须修改,所有软件都能在虚拟机中运行,例如 IBM CP/CMS,VirtualBox,VMware Workstation;硬件辅助虚拟化,特点是利用硬件(主要是 CPU)辅助处理敏感指令以实现完全虚拟化的功能,客户操作系统无须修改,例如 VMware Workstation,Xen,KVM。

目前主流的虚拟机迁移技术主要包括实时迁移[95-97](Live Virtual Machine Migragation)与非实时迁移[98](Non-live Virtual Machine Migration)。其中,实时虚拟机迁移使用预拷贝(Pre-Copy)的方法,可以使停机时间降低到毫秒级,优越的性能使之得到了业界的广泛采用,如 VMware,KVM,Xen 等都采用了实时迁移技术。

虚拟化技术具有以下优点:

(1)通过虚拟化技术可以实现资源的整合。数据中心由大量异构和未充分使用的服务器构成,这些服务器运行单操作系统,单应用工作,比如 Web 服务或文件服务,服务器的运行效率较低;通过虚拟化技术可以合并多个低负载的工作到单个物理机平台,从而减少总体成本和能耗,提高系统的性能。

(2)通过虚拟化技术可以实现资源的迁移。虚拟化技术可以将用户的状态封装到一个虚拟机内,去耦当前用户正在运行的硬件环境,从而迁移到不同的平台。虚拟机迁移可以触发负载自动平衡或故障预测代理,从而促进服务质量的

---

① http://baike.baidu.com/view/729629.htm? fr=aladdin。

提升,同时降低操作费用。例如:Xen 和 Internet Suspend-Resume 项目已经实现了在服务器和客户端的资源迁移[99,100],另外虚拟化技术奠定了商业产品的基础,如 VMware 的 VMotio。

（3）通过虚拟化技术可以实现资源的隔离。通过虚拟化技术使多个软件运行在自己的虚拟机里,从而实现虚拟机间的隔离,进而限制入侵于有关虚拟机本身,使安全性得到改善;同时,可以使虚拟机的软件故障不会影响其他虚拟机,从而提高系统的可靠性。

（4）资源定制。通过虚拟化技术,用户可以按需申请所需的服务器,指定所需的资源,例如:CPU 数目、内存容量、磁盘空间等。

### 2.3.2　资源部署与任务调度

云计算环境下,应用的种类繁多,客户的需求多样,资源的类型和性能不一,所以在部署资源与调度任务时,应根据用户的需求和资源的特点进行资源的部署。在系统运行中应动态地调整资源和调度任务,以满足用户的服务质量要求,同时尽可能地提高系统的效率,达到绿色高效、节能环保,实现可持续计算。

资源部署与任务调度的主要目的有:

（1）优化时间。这里主要涉及数据的处理时间、数据的传输时间、任务的调度时间等的优化。

（2）保障服务质量。用户申请的资源应当得到可靠的保障,用户提出的服务质量要求应得到满足。

（3）费用优化。根据用户的需求,提供最优的费用保障。用户的需要不同,部署资源和调度任务时的侧重点也应当不同,有的应用对时间敏感,服务时间应当优先,如一些实时性应用（视频会议等）;有的应用对时间不敏感,但是用户要求较低的费用,如一些共享的文件资源等。

（4）高效节能。由于云计算数据中心的能耗非常高,在部署资源与调度任务时,应尽可能地将数据部署到能源的供应充裕、价格较低的数据中心,且在任务的执行过程中,对资源进行动态的整合。

目前常用的资源部署与任务调度方式主要有:

（1）性能优先的策略为 IBM 蓝云平台等采用,在结构上采用的是主从式。采用开源的 Xen 虚拟化技术实现虚拟机到计算平台与物理节点的映射,随用户服务需求变化进行动态地整合;采用 IBM Tivoli 进行资源分配,以满足任务需求或负载均衡;将资源监控和管理、任务分配和调度策略加入到虚拟机中,能大大简化云调度过程。

（2）Google 在对数据部署和调度时采用 MapReduce,MapReduce 是由

Google 公司的 J. Dean 等[101] 提出的一种数据部署和任务调度模型（或称编程模型），其执行过程如图 2-5 所示。MapReduce 还被很多公司扩充和发展，例如：Yahoo 对 MapReduce 框架进行了改进，在 MapReuce 步骤之后添加一个 Merge 的步骤，这就形成一个新的 MapReduceMerge[102] 框架。这样做的好处是程序开发人员可以采用自己的 Merge 函数，从而进行数据集合的合并操作。与 IBM 采用的主从式部署调度方式不同，Google 采用的是集中调度的方式，通过 Master 协调各个 Worker 节点工作。具体的执行过程是：

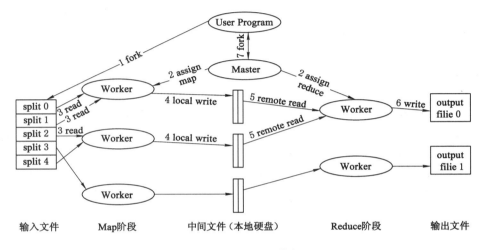

图 2-5　MapReduce 的执行过程

① 在用户的应用程序中，首先利用 MapReduce 库将计算所需的输入文件分割成 M 块（每块从 16 MB 到 64 MB 不等，可由用户指定），然后在数据中心的多台机器上启动相同程序的副本。

② 在启动的所有程序副本中，有一个比较特殊，作为 Master 程序，剩下的机器被称为 Worker（假设有 M 个 Map 任务，R 个 Reduce 任务），Master 会挑选所有空闲中的 Worker，为其指派 Map 或 Reduce 任务。

③ 分配到 Map 任务的 Worker 会自动去读取被分割过的文件，通过运行用户定义的 Map 操作来解析和处理输入的数据，生成键值对；这些中间键值对构成的中间结果集，会被缓存在内存中。

④ 因为内存容量有限，每隔一段时间，缓存的中间结果集会被写到执行 Map 任务机器的硬盘上，在写之前，这些中间结果集会被 Partition 函数分隔成块，这些块的位置会报告给 Master 程序，因为这些文件将会作为 Reduce 任务的输入。

⑤ 执行 Reduce 操作的 Worker 收到 Master 程序发来的中间结果集时,通过远程调用来读取执行 Map 操作的 Worker 上缓存的中间结果集,读取完毕之后,执行 Reduce 操作的 Worker 会将中间结果集排序,所以 Key 相同的键值对会排到一块,如果中间结果集太大,则使用外部程序来排序。

⑥ 执行 Reduce 任务的 Worker 通过遍历排序过的中间结果集,对 Key 相同的键值对进行合并化简,Reduce 操作的结果将会被写入到 GFS(Google File System)文件系统中。

⑦ 当所有的 Map 和 Reduce 操作都完成的时候,Master 程序会唤醒用户的程序,通知其任务已经完成,继而执行其他任务。

## 2.4　小结

资源部署与任务调度是云计算的重要组成部分,合理、高效的云计算资源部署与任务调度既是云计算实现中亟待解决的关键问题,也是目前该领域国际性的研究重点和难点。本章首先介绍联合资源管理的概念,阐述了联合资源管理的特点、目的和作用,接着介绍了目前常用的有代表性的几种云计算系统架构及其组成,最后分析、介绍了云计算环境下资源管理与任务调度的主要关键技术,从而为后续章节的研究打下基础。

# 第 3 章　基于关联量的数据部署与任务调度方法

## 3.1　引言

　　研究人员通过某一特定平台来执行科学工作流进行科学研究工作,解决计算复杂型、数据密集型等具体的科学问题,例如天文学[103]、高能物理[104]、地震监测[105]和生物信息学[106]等方面的问题,这样的科学工作流往往在数据网格平台和本地集群上运行[107]。随着计算机技术、网络技术和软件技术的发展,互联网逐渐成为一种计算平台。在 2007 年年末[108],云计算的概念被提出,并且在许多领域有一些成功的应用[109-112]。随着科学技术的发展,信息系统日益复杂、需要处理的数据越来越多,A. Szalay 等[113]指出科学界的数据是一个以指数规律增长的世界,并在未来的十年科学数据量将逐年翻番,因而迫切需要一种新的处理数据的技术。我们已经看到从大型机到商业集群转变的好处,但是也发现了集群运行中的设备非常昂贵,因此我们需要成本较低的虚拟化技术。相对于网格和传统的高性能计算,云计算提供了用户可定制的基础设施,所以云计算的出现,为科学工作流的运行提供了又一个可供选择的平台。Foster 等对云计算和网格计算做了综合的比较和分析后发现[114],云计算的一些特点也符合科学工作流运行的需要,如云计算系统像网格系统一样具有高性能和大存储的能力,不同的是云计算基础设施的组建费用较低,云计算的数据中心可以由普通的商业硬件构成。另外,世界各地的科学家通过云计算系统可以方便地协作完成复杂的研究任务,因为云计算是基于 Internet 的,科学工作流部署到云系统上,分散在各地的计算设施被作为数据中心,所以世界各地的科学家通过科学云工作流便可以上传数据或发布应用。所有这些应用和数据通过云系统来管理,可以容易地实现科学家之间的数据共享。科学家们已经运用云计算来运行科学工作流,例如 Kepler project 运行在多个云上,执行 Pegasus Workflow Management System[115];E. Deelman 等[116]研究表明云计算也可为数据密集型应用工作流提供经济的解决方案,例如科学工作流[117]。

　　在科学工作流中使用云计算技术有很多优点,但是也面临着许多新的挑战。科学工作流通常是数据密集型的应用,解决此类型应用需要许多分处各地的科研机构的参与和协作[118]，这样数据的部署和移动就成为一个新的挑战。具体表现为：① 云环境下科学工作流可能运行在多个云[115]或多个数据中心里，这些应用要处理的数据也可能要在多个数据中心进行部署和调度。另外，云计算是基于 Internet 的，其网络带宽通常有限而且低于集群的带宽，同时在云计算中传输数据是按传输的数据量大小收取相应费用的，所以如何减少跨数据中心数据的传输次数、传输量和传输费用就成为数据密集型应用的一个挑战性的问题。② 科学工作流的特性决定了其数据之间存在依赖关系，在多数据中心的环境下应合理地分析这种关系，尽量减少流程执行过程中跨数据中心的数据传输所导致的数据传输量，进而提升执行效率，降低成本。③ 合理的数据部署策略有助于减少跨数据中心的数据传输量，但是在数据部署完成后还要考虑对数据的处理，以便既能减少数据传输量又能提高计算性能，这就需要对数据进行合理部署，对任务进行合理调度。

## 3.2　相关工作

在网格环境下，一些研究人员致力于数据依赖关系的研究，并把相应的研究成果应用到大规模科学工作流中。S. Doraimani 等[119]基于数据依赖关系对文件进行分组，使用真实数据进行实验，结果表明在科学网格环境下文件分组策略对数据管理是可靠的和有用的。G. Fedak 等[120]提出了桌面网格环境下的分布式数据管理系统。不同于云计算主要为用户提供服务，桌面网格旨在利用闲置桌面的计算和存储资源。在系统中数据依赖性由亲和力来表示，而亲和力又是由用户预先定义的数据属性来表示的；然而，在云计算中，任何人都可以使用在数据中心托管的所有应用数据，并能上传自己的数据，而让用户足够精确地定义科学云工作流中数据的依赖性显然是不切实际的。此外，已有研究者对云计算环境下的数据部署和任务调度进行了初步研究，S. Agarwal 等针对分布式云服务环境下数据的自动部署问题，通过对日志的分析，提出了基于数据访问模式和客户不同来源的迭代优化算法，以优化不同数据中心间的数据交互[121]；J. M. Cope 等提出了在时间敏感的计算环境下可保证数据鲁棒性的数据部署策略[122]；N. Hardavellas 等[37]提出了一种数据分布式部署策略，其要点是通过复制策略来减少访问延迟；S. Pandey 等[123]和 A. Ramakrishnan 等[124]研究了在数据敏感的科学工作流中的调度问题。但是在以上的研究中，为了加快任务的处理，数据被在多个站点之间进行复制，而在云计算环境下数据量大、网络带宽有限，数据传输会成为任务处理的瓶颈，因而可以预料上述方法的实用性较差。D. Yuan 等[125]提出了基于关联性的数据部署策略和方法，该方法能减少数据的移动量和移动次数。在国内的研究中,张春燕等[126]针对已有的适用于任务分配的蚁群算法易陷入局部最优解的缺陷,提出了一个保证云服务质量的分组多态蚁群算法,该方法减少了处理请求任务的平均完成时间,提高了任务处理的效率;曾志等[127]提出,海量数据集群环境下计算的四叉树任务分配策略,该策略能有效地提高整体计算速度。但是这些方法没有对数据关联进行分析,不能减少不同数据中心间的数据传输,郑湃等[128]提出了一种基于遗传算法的数据部署策略与方法,据称能很好地降低流程执行过程中跨数据中心数据传输所导致的时间开销,但该策略不能很好地优化任务的执行性能;刘少伟等[129]提出了基于相关度的数据部署与任务调度策略来减少数据的移动量和移动次数,但未对执行性能进行分析。

本章通过分析云计算环境下数据密集型应用的特征,提出了基于数据间最大关联量的关联模型利用原始数据形成关联矩阵,对该关联矩阵做有限次的矩阵初等变换即可将其转换成聚类矩阵;设计了基于该模型的键能聚类算法,同时设计了基于最大测量值模型的 $K$ 分割算法将聚类矩阵分割为 $K$ 个部分,根据该分割结果即可将任务调度到相应的数据中心。实验表明,以上模型和算法能有效地降低跨数据中心的数据传输次数、数据传输量,提高任务的执行性能。

## 3.3　云计算环境下数据部署与任务调度分析

### 3.3.1　有关概念和定义

为了更好地分析和理解资源的部署和任务调度,首先对一些基本概念进行说明。

**定义 3-1**　数据中心可以表示为一个集合:$C=\{c_1,c_2,\cdots,c_n\}$,其中 $c_i$ 有一个属性 $cap_i$,$cap_i$ 表示数据中心的处理能力大小。由于在工作流中的任务数量很多,任务被部署到数据中心后,完成每个任务需要的处理时间与数据中心的性能有关,该性能取决于系统参数 $cap_i$。由于用户可以根据自己需要申请数据的存储空间,所以不考虑数据中心存储容量限制问题。

**定义 3-2**　数据集为工作流中任务需要处理的所有文件的集合:$FS=\{f_1,f_2,\cdots,f_i,\cdots\}$。

**定义 3-3**　$T=\{t_1,t_2,t_3,\cdots\}$ 为整个科学工作流中的任务集,其中 $t_i=<runtime_i,t_{rf}>$,$runtime_i$ 为每个任务运行时间的长短,$t_{rf}$ 为执行任务 $t_i$ 所需的文件集。

**定义 3-4** $f_i = <size_i, T_i, c_i, link_i>$ 表示编号为 $i$ 的文件数据集。$size_i$ 表示数据文件的大小，$T_i = \{t_1, t_2, t_3, \cdots\}$ 为处理文件 $f_i$ 的任务集，$c_i$ 为文件被部署到的数据中心，$link_i = \{in, out\}$ 表示文件的传输方向。

**定义 3-5** $t_{rf}$ 为执行任务 $t$ 所需的文件集 $t_{rf} = \{f_1, f_2, \cdots\}$。

**定义 3-6** $t_{gf}$ 为任务 $t$ 执行期间产生的中间文件集：$t_{gf} = \{f_1, f_2, \cdots\}$。

**定义 3-7** $t_{im}$ 是执行任务 $i$ 所需移动的全部文件集，可以表示为：$t_{im} = t_{irf} - \left[ t_{irf} \cap \left( \bigcup_{k=1, k \neq i}^{n} t_{kgf} \right) \right] - [t_{irf} \cap f]$，其中 $t_i \in c_i, f \in c_i, c_i$ 表示第 $i$ 个数据中心；$t_{irf} \cap$ $\left( \bigcup_{k=1, k \neq i}^{n} t_{kgf} \right)$ 表示其他任务产生的中间文件集，但是这些文件在任务 $i$ 所在的数据中心；$t_{irf} \cap f$ 表示任务 $i$ 需要且本数据中心已有的文件集。

### 3.3.2 数据部署与任务调度的实例分析

为了更好地分析科学工作流的数据部署和任务调度，首先了解一下在云环境下科学工作流运行的步骤，具体如下：

（1）云计算服务提供商、科研机构或个人建立好数据中心，供用户按需申请使用，并按使用时间和性能收取费用或免费提供给合作伙伴使用。

（2）为了提高科学工作流的运行效率和性能，在科学工作流具体运行之前，通过分析科学工作流中数据间的关系及与任务间的关系和特点，进行数据分割与任务的调度，形成逻辑的数据部署与任务调度；任务调度器据此进行真实的数据部署和任务调度。

（3）在科学工作流运行中，会产生大量的中间数据，应根据数据间的相关性把数据调度到最合适的数据中心，从而减少数据的传输量、传输次数，提高系统性能。

以下通过图 3-1 分析和说明科学工作流中不同的数据部署和任务调度方案对科学工作流执行过程中数据的移动量、移动次数的影响。

（1）数据的关联性对科学工作流的影响

图 3-1(a) 为一个简单科学工作流，其中 $f_1, f_2, f_4, f_5$ 为输入文件，$f_3, f_6$ 为输出文件，文件相应的集合为：$FS = \{f_1, f_2, f_3, f_4, f_5, f_6\}$；相应的任务集合为：$T = \{t_1, t_2, t_3, t_4\}$；具体的文件属性内容为：$f_1 = <200, t_1>, f_2 = <400, t_1>, f_3 = <100, \{t_1, t_2\}>, f_4 = <500, \{t_3, t_2\}>, f_5 = <300, \{t_4\}>, f_6 = <800, \{t_4, t_2\}>$。

科学工作流中数据集和任务之间的关系是多对多的关系。从图 3-1(a) 中可以看出，$f_4$ 同时被任务 $t_2, t_3$ 使用，而任务 $t_2$ 同时使用了 $f_4, f_3$ 文件。由于科学工作流中数据之间有相关性，所以应将关联性紧密的数据集尽量部署到同一个数据中心。在图 3-1(a)中，如果把工作流中的数据分配到 3 个数据中心，按图 3-1(b)中的数据部署和任务调度方案，由于 $t_2 \in c_2$ 且需要使用文件 $f_3$，而 $f_3 \notin c_2$，$f_3 \in c_1$，$f_3$ 是 $t_1$ 产生的，即 $f_3 = \{100, t_2, c_1, link = out\}$，所以要把 $f_3$ 传输到 $c_2$。同样的原因，需要把 $f_6$ 传输到 $c_3$，$f_4$ 传输到 $c_2$。因此，总的数据移动次数为 3，数据的移动量为：$100 + 500 + 800 = 1\ 400$。如果按照图 3-1(c)的数据部署和任务调度方案，$t_2$，$t_1$ 要处理 $f_1$，$f_2$，$f_3$，$f_4$，而 $\{t_1, t_2\} \in c_1$，$\{f_1, f_2, f_3\} \in c_1$，所以不需要移动数据，但是 $f_4 \in c_2$，而 $t_2$ 也要处理 $f_4$，所以应把 $f_4$ 传输到 $c_1$；同样 $t_4$ 要处理 $f_5$，$f_6$，而 $t_4 \in c_3$，$f_5 \in c_3$，但 $f_6 \notin c_3$，所以需要将 $f_6$ 从 $c_1$ 传输到 $c_3$，$t_3$ 要处理 $f_4$，但 $t_3 \in c_2$，$f_4 \in c_2$，所以不需要移动数据，所以总的数据移动次数为 2，总的数据移动量为：$500 + 800 = 1\ 300$。

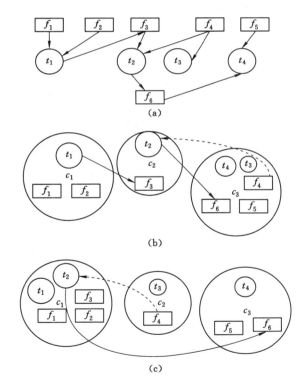

图 3-1　科学工作流及其数据部署和任务调度示例

(a) 一个简单的科学工作流例子；(b) 数据部署和任务调度方案 1；

(c) 数据部署和任务调度方案 2

（2）数据中心的计算能力、存储能力对科学工作流的影响

由于各个数据中心隶属于不同的组织机构，其计算能力、存储能力可能差异较大。合理的数据部署策略也要将这些因素考虑进去，即在存储空间足够的前提下，为计算能力强的数据中心部署尽量多的数据集，以加快科学工作流的执行速度。

（3）数据集大小对科学工作流的影响

数据移动时不仅要考虑移动的次数，还应考虑数据移动的量和使用数据中心的费用。这在制定数据部署和任务调度时都要考虑到，因为有时数据移动次数的减少并不意味着数据移动量的减少。此外考虑到计算的费用，有时也不一定必须把数据和任务部署到性能高的计算中心，而要考虑性价比。

# 3.4　基于关联量和键能算法的数据聚类方法

科学工作流中数据的数量巨大、格式繁多（包括数据库中的相关表格，原始的文件，经过处理的文件，XML 格式的数据等）。本书为简化问题、抓住重点，不考虑数据的格式，只考虑数据的大小，把数据当作文件来处理。

## 3.4.1　数据依赖性的定义、关联矩阵及其性质

通过 3.3 节的分析，可以看出不同的部署调度方法和策略，会显著地影响科学工作流任务执行过程中产生的数据移动次数和移动量。由于在科学工作流中数据和任务之间是多对多的关系，每个工作流有复杂的结构，大量任务访问大量的数据集产生大量的输出数据，为了保证性能，执行某个任务所需的数据必须位于同一个数据中心，否则需要提前将有关数据从其他的数据中心传输过来；如果一些数据集总是被相同的任务集同时使用，有理由相信，如果把这些数据集部署到同一个数据中心，再把相应的任务调度到此数据中心，很可能会减少数据的移动次数和移动量，因此这些数据之间存在关联性。文献[123]把这种数据间的关联性定义为相关度，具体表达式为：

$$denpendency_{ij} = \text{count}(T_i \bigcap T_j) \tag{3-1}$$

另一方面如果同时使用某两个数据集的任务越多，数据量越大，则说明两个数据集之间的关联也越大，因此两个数据间的最大关联量被定义为：

$$denpendency_{ij} = \text{count}(T_i \bigcap T_j) * \max(size_i, size_j) \tag{3-2}$$

该定义中的各个变量的意义见 3.3.1 节中的定义 3-3 与定义 3-4，其中 $T_i$ 表示处理文件 $f_i$ 的所有任务的集合，$denpendency_{ij}$ 表示文件 $f_i$ 和 $f_j$ 的最大关

联量,$count(T_i \bigcap T_j)$ 表示同时处理文件 $f_i$ 和 $f_j$ 的任务的数量,$\max(size_i,$ $size_j)$ 表示文件 $f_i$ 和 $f_j$ 中数据量最大的文件的数据量的大小。

**定义 3-8** 关联矩阵:数据集中各个元素与其自身及另外的元素根据最大关联量形成的矩阵称为关联矩阵。

**性质 3-1** 关联矩阵是 $n$ 阶方阵。

证明:假设数据集有 $n$ 个元素,每个元素与其自身及另外的 $n-1$ 个元素间形成 $n$ 个关联量,将这 $n$ 个关联量作为关联矩阵的一行(或一列);同理其余的 $n-1$ 个元素同样也可以各形成 $n$ 个关联量,进而将其作为关联矩阵的 $n-1$ 行(或 $n-1$ 列),所以关联矩阵共有 $n$ 行 $n$ 列,即关联矩阵为 $n$ 阶方阵。

**性质 3-2** 关联矩阵具有对称性。

证明:式(3-2)表明任意两个数据集之间的最大关联量只与这两个数据集的大小和处理它们的任务数有关,而与它们的相对位置无关,所以关联矩阵中的元素 $denpendency_{ij}$ 和元素 $denpendency_{ji}$ 都是数据集 $i$、$j$ 之间的最大关联量,因而 $denpendency_{ij} = denpendency_{ji}$,因此关联矩阵是对称的。

## 3.4.2　键能聚类算法

McCormick 等提出的键能算法[130](Bond Energy Algorithm ,BEA)被广泛应用于分布式数据库系统中对表进行垂直分割[131,132]。它是一种垂直分割算法,把矩阵中关系紧密的数据聚集在一起,通过行列的排列,形成一个聚类矩阵。本书提出和采用的键能聚类算法是将依据最大关联量定义求出的关联矩阵 **AA**(Attribute Affinity matrix)作为输入,利用键能算法将其重新排列,形成一个聚类矩阵 **CA**(Clustered Affinity Matrix),在该矩阵中关联最紧密的数据被聚集在了一起。这种重新排列是针对如下的全局关联量进行最大化来实现的。

$$AM = \sum_{i=1}^{n} \sum_{j=1}^{n} aff(A_i, A_j)[aff(A_i, A_{j-1}) + aff(A_i, A_{j+1}) +$$
$$aff(A_{i-1}, A_j) + aff(A_{i+1}, A_j)] \tag{3-3}$$

限制性条件为:

$$aff(A_0, A_j) = aff(A_i, A_0) = aff(A_{n+1}, A_j) = aff(A_i, A_{n+1}) = 0$$

全局关联量的限制性条件表明,如果关联矩阵的某一行元素被放置在 **CA** 当前第一行的上面或当前最后一行的下面,在行排列时,则处理当前最上面的行之上,或是当前最下面的行之下。在这种情况下,这两行的关联量值为 0,因为在这种情况下关联矩阵 **CA** 上面或下面没有邻居,即这一行元素在 **CA** 中的邻居还不存在,所以关联量值为 0。列的处理同此。

最大化的关联量只考虑最近的近邻，因此导致了最大相关的数据聚集在一起形成一组，最小相关的数据聚集在一起形成另一组；另外，由关联矩阵的性质3-2 可知关联矩阵是对称的，所以简化后的全局关联量如下式所示：

$$AM = \sum_{i=1}^{n}\sum_{j=1}^{n} aff(A_i, A_j)\left[aff(A_i, A_{j-1}) + aff(A_i, A_{j+1})\right] \quad (3\text{-}4)$$

**定理 3-1**　关联矩阵 **AA** 通过有限次矩阵初等变换可以转换为聚类矩阵 **CA**。

证明：已知关联矩阵 **AA** 为 $n \times n$ 阶矩阵

$$AA = \begin{bmatrix} a_{11} & a_{12} & \cdots & a_{1k} & \cdots & a_{1n} \\ a_{21} & a_{22} & \cdots & a_{2k} & \cdots & a_{2n} \\ \vdots & \vdots & & \vdots & & \vdots \\ a_{n1} & a_{n2} & \cdots & a_{nk} & \cdots & a_{nn} \end{bmatrix}$$

（1）假设 $m=2$ 时，即 **CA** 矩阵中前 2 列已知，其他列的位置在 **CA** 中还未确定，用 $*$ 表示，则

$$CA = \begin{bmatrix} a_{11} & a_{12} & *_{13} & \cdots & *_{1k} & \cdots & *_{1n} \\ a_{21} & a_{22} & *_{23} & \cdots & *_{2k} & \cdots & *_{2n} \\ \vdots & \vdots & \vdots & & \vdots & & \vdots \\ a_{n1} & a_{n2} & *_{n3} & \cdots & *_{nk} & \cdots & *_{nn} \end{bmatrix}$$

在这时插入第 3 列元素，插入的位置为左侧（记为 312）、中间（记为 132）、右侧（记为 123）这 3 种情况，分别为

$$CA_{312} = \begin{bmatrix} a_{13} & a_{11} & a_{12} & \cdots & *_{1k} & \cdots & *_{1n} \\ a_{23} & a_{21} & a_{22} & \cdots & *_{2k} & \cdots & *_{2n} \\ \vdots & \vdots & \vdots & & \vdots & & \vdots \\ a_{n3} & a_{n1} & a_{n2} & \cdots & *_{nk} & \cdots & *_{nn} \end{bmatrix},$$

$$CA_{132} = \begin{bmatrix} a_{11} & a_{13} & a_{12} & \cdots & *_{1k} & \cdots & *_{1n} \\ a_{21} & a_{23} & a_{22} & \cdots & *_{2k} & \cdots & *_{2n} \\ \vdots & \vdots & \vdots & & \vdots & & \vdots \\ a_{n1} & a_{n3} & a_{n2} & \cdots & *_{nk} & \cdots & *_{nn} \end{bmatrix},$$

$$CA_{123} = \begin{bmatrix} a_{11} & a_{12} & a_{13} & \cdots & *_{1k} & \cdots & *_{1n} \\ a_{21} & a_{22} & a_{23} & \cdots & *_{2k} & \cdots & *_{2n} \\ \vdots & \vdots & \vdots & & \vdots & & \vdots \\ a_{n1} & a_{n2} & a_{n3} & \cdots & *_{nk} & \cdots & *_{nn} \end{bmatrix}$$

首先证明 312 的情况下结论成立。因为 **AA** 的前 3 列确定的情况下矩阵如下：

$$AA_{123} = \begin{bmatrix} a_{11} & a_{12} & a_{13} & \cdots & *_{1k} & \cdots & *_{1n} \\ a_{21} & a_{22} & a_{23} & \cdots & *_{2k} & \cdots & *_{2n} \\ \vdots & \vdots & \vdots & & \vdots & & \vdots \\ a_{n1} & a_{n2} & a_{n3} & \cdots & *_{nk} & \cdots & *_{nn} \end{bmatrix} \rightarrow AA_{123} \times E_n(2,3)$$

$$= AA_{132} = \begin{bmatrix} a_{11} & a_{13} & a_{12} & \cdots & *_{1k} & \cdots & *_{1n} \\ a_{21} & a_{23} & a_{22} & \cdots & *_{2k} & \cdots & *_{2n} \\ \vdots & \vdots & \vdots & & \vdots & & \vdots \\ a_{n1} & a_{n3} & a_{n2} & \cdots & *_{nk} & \cdots & *_{nn} \end{bmatrix} \rightarrow AA_{132} \times E_n(1,2)$$

$$= \begin{bmatrix} a_{13} & a_{11} & a_{12} & \cdots & *_{1k} & \cdots & *_{1n} \\ a_{23} & a_{21} & a_{22} & \cdots & *_{2k} & \cdots & *_{2n} \\ \vdots & \vdots & \vdots & & \vdots & & \vdots \\ a_{n3} & a_{n1} & a_{n2} & \cdots & *_{nk} & \cdots & *_{nn} \end{bmatrix} = CA_{312}$$

经过 2 次初等变换就可得到 $CA$。

类似可证 132、123 情况分别经过 1、0 次初等变换可得到 $CA$，其中 $E_n$ 为 $n$ 阶初等矩阵。

（2）假设 $m=k$ 时，关联矩阵 $AA$ 通过有限次矩阵初等变换可以转换为聚类矩阵 $CA$。

（3）当 $m=k+1$ 时，$CA$ 矩阵中前 $k+1$ 的列位置已经确定，这时需要确定第 $k+2$ 列在 $CA$ 矩阵中的位置，而插入的位置为 $k+2$ 个位置，分别为第 $1,2,\cdots,k,k+1$ 列的前面和 $k+1$ 列的后面。已知

$$AA_{12\cdots kk+1} = \begin{bmatrix} a_{11} & a_{12} & \cdots & a_{1k} & a_{1k+1} & * & \cdots & *_{1n} \\ a_{21} & a_{22} & \cdots & a_{2k} & a_{2k+1} & * & \cdots & *_{2n} \\ \vdots & \vdots & & \vdots & \vdots & \vdots & & \vdots \\ a_{n1} & a_{n2} & \cdots & a_{nk} & a_{nk+1} & *_{nk} & \cdots & *_{nn} \end{bmatrix}$$

如果插入到 $k+1$ 列的后面，这时

$$CA = AA_{12\cdots kk+1k+2} = \begin{bmatrix} a_{11} & a_{12} & \cdots & a_{2k} & a_{1k+1} & a_{1k+2} & * & \cdots & *_{1n} \\ a_{21} & a_{22} & \cdots & a_{2k} & a_{2k+1} & a_{2k+2} & * & \cdots & *_{2n} \\ \vdots & \vdots & & \vdots & \vdots & \vdots & \vdots & & \vdots \\ a_{n1} & a_{n2} & \cdots & a_{nk} & a_{kk+1} & a_{nk+2} & * & \cdots & *_{nn} \end{bmatrix}$$

不需要经过初等变换，如果插入到 $k+1$ 列的前面，则

$$CA = \begin{bmatrix} a_{11} & a_{12} & \cdots & a_{1k} & a_{1k+2} & a_{1k+1} & * & \cdots & *_{1n} \\ a_{21} & a_{22} & \cdots & a_{2k} & a_{2k+2} & a_{2k+1} & * & \cdots & *_{2n} \\ \vdots & \vdots & & \vdots & \vdots & \vdots & \vdots & & \vdots \\ a_{n1} & a_{n2} & \cdots & a_{nk} & a_{nk+2} & a_{nk+1} & * & \cdots & *_{nn} \end{bmatrix} = AA_{12\cdots kk+2k+1}$$

$$= \begin{bmatrix} a_{11} & a_{12} & \cdots & a_{1k} & a_{1k+1} & * & \cdots & *_{1n} \\ a_{21} & a_{22} & \cdots & a_{2k} & a_{2k+1} & * & \cdots & *_{2n} \\ \vdots & \vdots & & \vdots & \vdots & \vdots & & \vdots \\ a_{n1} & a_{n2} & \cdots & a_{nk} & a_{nk+1} & * & \cdots & *_{mn} \end{bmatrix} \times \boldsymbol{E}_{k+2}(k+1, k+2)$$

关联矩阵 $\boldsymbol{AA}$ 经过 1 次初等变换就可得到 $\boldsymbol{CA}$，其他情况可类似得证。

由数学归纳法可知，本定理成立，证毕。

在本书中键能聚类算法的具体实现如图 3-2 所示，由定理 3-1 可知，该算法的解是存在的。

---

1. 输入：原始数据

2. 输出：聚类矩阵 $CA$

3. 根据式(3-2)形成关联矩阵 $AA$

4. $CA(*,1)=AA(*,1)$      //将 $AA$ 矩阵的第一列元素赋值给 $CA$ 矩阵的第一列

5. $CA(*,2)=AA(*,2)$      //将 $AA$ 矩阵的第二列元素赋值给 $CA$ 矩阵的第二列

6. index＝3

7. tempIndex＝0

8. while index≤n

9. for i＝1 to index−1

10. 计算键能值 $\mathrm{cont}(A_{index-1}, A_{index}, A_{index})$

11. 计算键能值 $\mathrm{cont}(A_{index-1}, A_{index}, A_{index+1})$

12. 将计算得到的最大键能值的索引赋给 tempIndex

13. end

14. for j＝index to tempIndex

15. $CA(*,j)=AA(*,index)$

16. $CA(*,tempindex)=AA(*,index)$

17. end

18. index＝index＋1

19. end

---

图 3-2　键能聚类算法

此算法的关键在于计算键能值，两个属性 $A_x, A_y$ 间的键能值定义为：

$$bond(A_x, A_y) = \sum_{z=1}^{n} (A_z, A_x) \times (A_z, A_y) \tag{3-5}$$

由式(3-3)可得

$$AM = \sum_{i=1}^{n} \left[ \sum_{j=1}^{n} aff(A_i, A_j) aff(A_i, A_{j-1}) + \sum_{j=1}^{n} aff(A_i, A_j) aff(A_i, A_{j+1}) \right]$$

$$\tag{3-6}$$

这样 $AM$ 就可以重新写为：

$$AM = \sum_{j=1}^{n} \big[ bond(A_j, A_{j-1}) + bond(A_j, A_{j+1}) \big] \tag{3-7}$$

考虑如下的 $n$ 个属性

$$\underbrace{A_1\ A_2 \cdots A_{i-1}}_{AM'}\ A_i\ A_j\ \underbrace{A_{j+1} \cdots A_n}_{AM''}$$

这些属性的全局依赖量可以写为：

$$AM_{old} = AM' + AM'' +$$
$$\qquad bond(A_{i-1}, A_i) + bond(A_i, A_j) + bond(A_j, A_i) + bond(A_j, A_{j+1})$$
$$= \sum_{l=1}^{i} \big[ bond(A_l, A_{l-1}) + bond(A_l, A_{l+1}) \big] +$$
$$\qquad \sum_{n} \big[ bond(A_l, A_{l-1}) + bond(A_l, A_{l+1}) \big] + 2bond(A_i, A_j) \tag{3-8}$$

如果在 $A_i$ 和 $A_j$ 中间插入新的属性 $A_k$，那么新的全局依赖量可以类似地写为：

$$AM_{new} = AM' + AM'' +$$
$$\qquad bond(A_i, A_k) + bond(A_k, A_i) + bond(A_k, A_j) + bond(A_j, A_k)$$
$$= M' + AM'' + 2bond(A_i, A_k) + 2bond(A_k, A_j) \tag{3-9}$$

这样，$A_k$ 插入 $A_i$ 和 $A_j$ 中间之后，净增的全局依赖量为：

$$cont(A_i, A_k, A_j) = AM_{new} - AM_{old}$$
$$= 2bond(A_i, A_k) + 2bond(A_k, A_j) - 2bond(A_i, A_j) \tag{3-10}$$

下面以图 3-1(a)的工作流为例说明键能聚类算法的具体运行过程和数据的部署、分割以及任务调度的具体实现过程。对每个文件先不考虑其类型(link)。假设把 6 个文件根据数据集间的关联量聚类后部署到 3 个数据中心。

$$f_1 = <200, t_1>, \quad f_2 = <400, t_1>, \quad f_3 = <100, \{t_1, t_2\}>$$
$$f_4 = <500, \{t_3, t_2\}>, \quad f_5 = <300, \{t_4\}>, \quad f_6 = <800, \{t_4, t_2\}>$$

整个数据部署和任务调度的实现如图 3-3 所示。首先提取出与工作流相关的数据，依据数据最大关联量定义算出关联矩阵 $\boldsymbol{AA}$，利用键能算法处理关联矩阵 $\boldsymbol{AA}$ 形成聚类矩阵 $\boldsymbol{CA}$，利用 $K$ 分割算法（关于 $K$ 分割算法，详见 3.5 节）将 $\boldsymbol{CA}$ 分割成 $K$ 个子矩阵并把每个子矩阵中的数据部署到相应的数据中心，再将相关的任务调度到相应的数据中心。在图 3-3 最终形成的数据部署中，数据只需移动 2 次即移动文件 $f_3$ 和文件 $f_4$，数据的移动量为：$100 + 500 = 600$，与图 3-1 中的两个方案相比，本方案的数据移动量有了很大的改善。

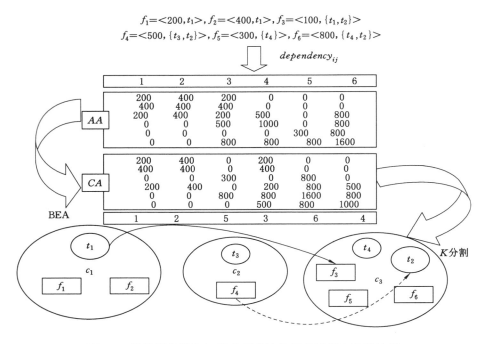

图 3-3 键能聚类算法与 $K$ 分割算法的运行过程和结果示例

## 3.5 基于关联量键能聚类算法的数据部署与任务调度

基于关联量键能聚类算法的数据部署与任务调度分为以下几个步骤:原始数据的分析、提取,关联矩阵、聚类矩阵的建立,$K$ 分割算法,数据移动量、移动次数及运行效率的计算,以下分别加以介绍。

### 3.5.1 原始数据的分析、提取与关联矩阵、聚类矩阵的建立

为了更科学、准确地评估算法的性能,本书使用标准的科学工作流作为测试对象。这些工作流可以通过 Pegasus web page https://confluence.pegasus.isi.edu/display/pegasus/WorkflowGenerator 下载。由于标准科学工作流的格式为 XML 文件,为了分析科学工作流使用了 Project:GeodiseLab,http://www.geodise.org,http://www.omii.ac.uk,Toolbox:XML Toolbox for Matlab 的工具包,该工具包可以进行 XML 文件和 Matlab 变量之间的转换。

分析标准科学工作流的 XML 文件的目的,主要是提取其中包含的下列信息:任务数量,每个任务的运行时间的长短 runtime,每个任务需要处理多少文

件 each_task_use_file,文件名是什么 unifile,文件的大小 filesize,文件的类型是输入还是输出 filelink,每个文件被多少个任务使用 each_file_used_task。下面是从 CyberShake_30. xml 中摘取的一个任务的相关信息。

$<$job id＝"ID00002" namespace＝"CyberShake" name＝"ExtractSGT" version＝"1.0" runtime＝"158.10"$>$

　　$<$uses file＝"FFI_0_1_fx. sgt" link＝"input" register＝"true" transfer＝"true" optional＝"false" type＝"data" size＝"20058636289"/$>$

　　$<$uses file＝"FFI_0_1_fy. sgt" link＝"input" register＝"true" transfer＝"true" optional＝"false" type＝"data" size＝"20058636289"/$>$

　　$<$uses file＝"FFI_0_1_subfx. sgt" link＝"output" register＝"true" transfer＝"true" optional＝"false" type＝"data" size＝"310892660"/$>$

　　$<$uses file＝"FFI_0_1_subfy. sgt" link＝"output" register＝"true" transfer＝"true" optional＝"false" type＝"data" size＝"310892660"/$>$

　　$<$uses file＝"FFI_0_1_txt. variation－s02730－h00000" link＝"input" register＝"true" transfer＝"true" optional＝"false" type＝"data" size＝"2132196"/$>$ $</$job$>$

为实现信息提取设计了如图 3-4 所示的算法和程序,主要是利用 caculator_file _number 函数来实现的,其调用方式为：[runntime,uniqfile,filesize,filelink,each_ file_used_task,each_task_use_file]＝caculator_file_number(xmlfile)。

```
1. [runntime,uniqfile,filesize,filelink,each_file_used_task,each_task_use_file]＝caculator_file_
   number(xmlfile)
2. filestr＝fileread(xmlfile); //读取 XML 文件
3. tasknumber＝get(filestr); //获取 XML 文件的任务数
4. for (each job in filestr)
5.     each_job_file_number＝get(each_job);
6.     runtime＝each_job_runtime;
7.     for (each file in job)
8.         filesize＝size;
9.         filelink＝link;
10.        filename＝file;
11.    end
12. end
13. for (each job)
14.    each_file_used_task＝find(task use file);
15. end
16. for(each task)
17.    each_task_use_file＝find(file in job)
18. end
```

图 3-4　原始数据的提取

关联矩阵建立的具体算法步骤如图 3-5 所示。关联矩阵是根据数据间的关联量最大化来建立的,最大关联量的计算按照式(3-2)来进行;首先计算出每个文件被多少个任务使用,具体通过步骤 1～9 来实现;步骤 10～18 根据最大关联量公式计算出相互关联的两个文件中数据量最大者的数据量值,然后将该数据量值乘以关联的任务数,并把乘积赋给关联矩阵对应的元素,从而建立起关联矩阵,作为构造聚类矩阵的初始条件。

```
1.  for(each_file)
2.      file_use_task＝0;
3.      for(each_file_used_task)
4.          if(other_file_used_the_task)
5.              file_used_task＋1;
6.          end
7.          AA＝file_used_task;
8.      end
9.  end
11. for i＝1 to n
12      for j＝1 to n
12.         if(size_i)＞(size_{i+1})
13.             AA(i,j) ＝ AA(i,j) ＊ (size_{i+1});
14.         else
15.             AA(i,j) ＝ AA(i,j) ＊ (size_i);
16.         end
17      end
18. end
```

图 3-5　关联矩阵建立的具体算法和步骤

### 3.5.2　K 分割算法

键能聚类算法以关联矩阵作为初始值,利用键能算法将关联矩阵转换为聚类矩阵,通过聚类把相互间最大关联的数据聚集到一起。由于云计算中科学工作流通常有多个数据中心,下一步就需要考虑如何将这些关联数据部署到合适的数据中心。本书利用 $K$ 分割算法来分割聚类矩阵,根据数据间的关联性将聚类矩阵和对应数据分割为 $K$ 个部分,再由任务调度器将各任务调度到相应的数据中心。上述 $K$ 分割算法的要点是 $K-1$ 次迭代调用二元分割算法,求得数据部署这一 $NP$ 问题的可行解。

二元分割法首先把聚类矩阵 $CA$ 分割为两部分,这两部分分别为 $\{f_1, f_2, \cdots, f_k\}$ 和 $\{f_{k+1}, f_{k+1}, \cdots, f_n\}$,分割的依据是选取分割点使如下的测量值最大化:

$$PM = \sum_{i=1}^{k} \sum_{j=1}^{k} CA_{ij} * \sum_{i=k+1}^{n} \sum_{j=k+1}^{n} CA_{ij} - \left( \sum_{i=1}^{k} \sum_{j=k+1}^{n} CA_{ij} \right)^2 \qquad (3-11)$$

此分割点使得 $CA$ 矩阵中关联性高的数据被分为一组,关联性低的数据被分为另一组,并将聚类矩阵 $CA$ 分割为两个部分,分别是上部分 $CP_t = \{f_1, f_2, \cdots, f_k\}$ 和下部分 $CP_b = \{f_{k+1}, f_{k+2}, \cdots, f_n\}$。经过一次分割,$CA$ 矩阵依据最大测量值模型被分割为两部分。如果要把 $CA$ 矩阵分割为 $K$ 个部分,就要进行 $K-1$ 次分割。并且还要把每一部分包含的文件名、文件大小、任务名保存到该部分的记录中。进行 $K-1$ 次分割可以通过迭代方式来完成,选择继续分割对象的标准是:在所有的已完成分割的数据块中,计算出每一块的数据量的大小,选择其中数据量最大的数据块继续进行下一次分割,即按如下的准则选择分割对象:

$$v \in CP \mid \forall b \in CP, size(v) \geqslant size(b) \qquad (3-12)$$

其中 $CP = \{CP_1, CP_2, \cdots, CP_i\}$,$size(v)$,$size(b)$ 分别表示数据块 $v, b$ 的数据大小。这样做的好处是使云计算中数据的传输和移动更为方便,因为数据量较大的数据集的传输和移动都比较耗费时间且影响网络以及数据中心的性能。$K$ 分割算法的具体实现如图 3-6 所示。

```
1. //input:
2.     CA:聚类矩阵
3.     newlocIndex:聚类矩阵分割后的列索引
4.     filesieze:每个文件的大小
5.     filelink:每个文件的类型,in 或 out
6. //output:partSet k 个分割部分
7.   index=3
8.   [big_index, CPt, CPb]=partotopm_algorithm(CA)    //首先把 CA 分割为两个矩阵 CPt,
                                                      CPb,big_index 为分割点
9. for tempk=3 to K
10.   [tempP,tempCMt,tempCMb]=partotopm_algorithm_index(big_index)
      //将最大的部分分割为两个矩阵 tempCMt,tempCMt,tempP 为分割点
11.   p=tempP
12.   CPt=tempCMt
13.   CPb=tempCMb
14.   tempbig_index=big_index;
15.   big_index=recursive_algorithm(tempbig_index, tempK, p, CPt, CPb);//二元分割算法
16. end
```

图 3-6　$K$ 分割算法

### 3.5.3 数据移动量、移动次数及运行效率的计算

经过上述处理后,数据集已经按关联量被分割为 $K$ 个部分,并且被存储到 partSet 的一个结构体里面,下面分析以下如何评估采用某种文件部署方案时(云计算)系统的有关性能,即采用这样的分割时,文件的移动次数、移动量和工作流的运行效率如何。

数据移动量、移动次数和运行效率的评估算法大致如图 3-7 所示。算法的输入为分割后的 $K$ 个部分(partSet)、数据中心的处理能力(DC_capacity)、数据中心的个数(DC_number)。partSet 是个结构体,里面存储有每个数据中心被分配到的文件数、文件名、文件的输入输出类型、文件的大小、任务和 Runtime(各任务的运行时间)。步骤 3~8 计算各个数据中心的任务个数、每个数据中心的文件个数,并把重复的文件删除,决定唯一文件时不但要文件名相同,而且文件的大小、类型也要相同(input 或 output)。步骤 9~12 计算工作流的文件移动次数和文件的移动量。计算文件的移动次数时,首先根据定义 3-7 找出每个需要移动的文件集,再计算出文件的移动量和移动次数。步骤 13~15 计算任务分配到数据中心的执行时间,这反映出任务的执行效率。具体的计算思路是:每个数据中心有特定的计算能力 capacity,将完成某个任务所需的处理时间除以所分配到的数据中心的处理能力,就可以计算出该任务在该数据中心的执行时间。

---

```
1.  //input:partset，DC_capacity，DC_number
2.  //output:move_time，move_amount，runtime
3.    for(each DC)
4.        find task in each DC
5.        delete the same task in each DC
6.        find the file in each DC
7.        delete the same task in each DC
8.    end
9.    for(each DC)
10.       move_time=calculate the movetime
11.       move_amount=calculate the amount
12.   end
13.   for(each DC)
14.       runtime=calculate the runtime
15.   end
```

---

图 3-7　数据移动量、移动次数及运行效率的评估算法

## 3.6　仿真实验及其结果分析

### 3.6.1　实验环境的建立

为了测试上述基于最大关联量、键能聚类算法和 $K$ 分割算法的数据部署策略的性能,建立了如下实验环境:AMD Phenom Ⅱ X4 B95 3.0 GHz,2G RAM;Microsoft Windows XP 操作系统,测试软件主要利用 MATLAB R2009b 编程实现。

为了更客观、真实、准确地测试算法的性能,实验中利用了表 3-1 的数据作为测试数据,这些数据来源于下列网址的 4 个标准工作流:https://confluence. pegasus. isi. edu/display/pegasus/WorkflowGenerator。 基于相同的实验环境和测试数据,针对以下三种策略进行了仿真实验并对结果进行了分析:基于键能聚类算法最大相关量的部署策略,简称 KA;基于相关性的部署策略,简称 K;用做比较对象的随机部署策略,简称 Random。 它们各自的主要特点是:

Random 部署:工作流的数据从 XML 文件提取出来后,先按数据间的关联性建立关联矩阵;然后利用分割算法,把这些数据分割成个数预定的多个部分(比如分割为 3 个,6 个等等),分割时同样按照上一节中阐述过的分割标准进行。 将此种部署简称为 Random 部署。

K 部署:利用 BEA 算法对通过相关度形成的关联矩阵进行处理,再将其处理结果利用分割算法分割成个数预定的多个部分。 将此种部署简称为 K 部署。

KA 部署:首先利用基于数据间最大关联量的关联模型将原始数据形成关联矩阵;然后利用基于该模型的键能聚类算法通过对关联矩阵做有限次的矩阵初等变换,将其转换成聚类矩阵,从而将最大相关的数据聚集在一起;利用 $K$ 分割算法将聚类矩阵分割为 $K$ 个部分,任务调度器根据该分割结果即可将任务调度到相应的数据中心。 将此种部署简称为 KA 部署。

表 3-1　　　　　　　　　　测试工作流

| 任务数 $N$ | 文件数 $M$ | | 每个任务的文件数 | | | 文件被任务使用数 | | |
|---|---|---|---|---|---|---|---|---|
| | Uni | Total | Avg | min | max | Avg | min | max |
| 1 000 | 1 509 | $-3\ 004$ | 3.04 | 1 | 5 | 1.990 7 | 1 | 133 |
| 100 | 169 | $-312$ | 3.12 | 1 | 5 | 1.846 2 | 1 | 8 |
| 50 | 84 | $-154$ | 3.08 | 1 | 5 | 1.833 | 1 | 8 |
| 30 | 49 | $-90$ | 3 | 1 | 5 | 1.836 7 | 1 | 9 |

### 3.6.2 实验结果及分析

实验中要求分别将标准测试工作流中的文件和任务部署到 3、6、9、12、15 和 18 个数据中心并将任务调度到合适的数据中心,以测试 K、KA 和 Random 策略的性能,其结果如表 3-2 到表 3-5 和图 3-8 到图 3-11 所示,其中,各策略简称后面的数字为具体实验涉及的任务数(对应于工作流);$DC$ 表示数据中心数量,$T$ 表示文件移动的次数,$A$ 表示文件移动的数据量(MB),$TT$ 表示完成整个工作流的处理时间(s),$PT$ 为实验程序的运行时间(s)。

**表 3-2    4 种标准工作流基于 Random 策略的实验结果**

| Random30 | | | |
|---|---|---|---|
| $DC$ | $T$ | $A$ | $TT$ | $PT$ |
| 3 | 90.4 | 2.06E+11 | 1.12E+03 | 2.773 588 934 |
| 6 | 1.19E+02 | 3.14E+11 | 9.83E+02 | 2.54E+00 |
| 9 | 1.47E+02 | 3.86E+11 | 5.65E+02 | 2.56E+00 |
| 12 | 1.53E+02 | 3.76E+11 | 4.43E+02 | 2.56E+00 |
| 15 | 1.56E+02 | 4.03E+11 | 6.38E+02 | 2.51E+00 |
| 18 | 1.49E+02 | 3.82E+11 | 8.15E+02 | 2.50E+00 |
| Random50 | | | | |
| 3 | 1.47E+02 | 3.79E+11 | 2.12E+03 | 5.65E+00 |
| 6 | 193 | 5.27E+11 | 1.72E+03 | 5.672 552 657 |
| 9 | 2.22E+02 | 6.50E+11 | 9.12E+02 | 5.68E+00 |
| 12 | 2.29E+02 | 5.87E+11 | 7.41E+02 | 5.54E+00 |
| 15 | 2.51E+02 | 6.97E+11 | 1.42E+03 | 5.54E+00 |
| 18 | 2.47E+02 | 6.85E+11 | 1.70E+03 | 5.57E+00 |
| Random100 | | | | |
| 3 | 2.94E+02 | 7.45E+11 | 4.63E+03 | 1.88E+01 |
| 6 | 413 | 1.02E+12 | 4.30E+03 | 18.816 376 02 |
| 9 | 4.94E+02 | 1.26E+12 | 2.46E+03 | 1.87E+01 |
| 12 | 5.05E+02 | 1.33E+12 | 1.79E+03 | 1.83E+01 |
| 15 | 5.26E+02 | 1.40E+12 | 3.12E+03 | 1.84E+01 |
| 18 | 5.60E+02 | 1.47E+12 | 4.57E+03 | 1.83E+01 |

| | | Random1 000 | | |
|---|---|---|---|---|
| DC | T | A | TT | PT |
| 3 | 2.83E+03 | 7.17E+11 | 2.76E+04 | 1.90E+03 |
| 6 | 4.39E+03 | 1.22E+12 | 2.67E+04 | 2.07E+03 |
| 9 | 4.34E+03 | 1.20E+12 | 1.21E+04 | 2.03E+03 |
| 12 | 4.96E+03 | 1.35E+12 | 1.17E+04 | 2.02E+03 |
| 15 | 4.81E+03 | 1.29E+12 | 2.08E+04 | 2.01E+03 |
| 18 | 5.45E+03 | 1.51E+12 | 2.89E+04 | 2.02E+03 |

**表 3-3　　　　　　　　4 种标准工作流基于 K 策略的实验结果**

| | | K30 | | |
|---|---|---|---|---|
| DC | T | A | TT | PT |
| 3 | 51 | 88 197 354 285 | 6.20E+02 | 2.64 |
| 6 | 73 | 1.313 48E+11 | 652.87 | 2.43 |
| 9 | 96 | 1.750 42E+11 | 312.96 | 2.44 |
| 12 | 99 | 2.151 67E+11 | 273.06 | 2.45 |
| 15 | 99 | 2.151 67E+11 | 558.9 | 2.43 |
| 18 | 99 | 2.151 67E+11 | 526.75 | 2.45 |
| | | K50 | | |
| 3 | 75 | 1.669 53E+11 | 1 132.4 | 5.38 |
| 6 | 92 | 2.100 27E+11 | 7.35E+02 | 5.31 |
| 9 | 112 | 2.930 33E+11 | 675.68 | 5.31 |
| 12 | 118 | 3.334 33E+11 | 364.43 | 5.32 |
| 15 | 118 | 3.334 33E+11 | 696.37 | 5.33 |
| 18 | 118 | 3.334 33E+11 | 642.15 | 5.35 |
| | | K100 | | |
| 3 | 150 | 3.33E+11 | 1 963.8 | 17.48 |
| 6 | 159 | 3.36E+11 | 1 248 | 17.17 |
| 9 | 171 | 3.37E+11 | 6.24E+02 | 17.27 |
| 12 | 185 | 4.21E+11 | 6.14E+02 | 17.45 |
| 15 | 185 | 4.21E+11 | 1.09E+03 | 17.31 |
| 18 | 185 | 4.21E+11 | 1.35E+03 | 17.33 |

续表 3-3

| K1 000 | | | | |
|---|---|---|---|---|
| DC | T | A | TT | PT |
| 3 | 1 721 | 3.93E+11 | 1.44E+04 | 1.76E+03 |
| 6 | 2 168 | 4.42E+11 | 8.99E+03 | 1.85E+03 |
| 9 | 2 533 | 5.21E+11 | 9.27E+03 | 1.89E+03 |
| 12 | 2 892 | 6.18E+11 | 5.21E+03 | 1.89E+03 |
| 15 | 3 078 | 6.85E+11 | 1.14E+04 | 1.89E+03 |
| 18 | 3 078 | 6.85E+11 | 1.17E+04 | 1.89E+03 |

表 3-4 　　　　　　　　4 种标准工作流基于 KA 策略的实验结果

| KA30 | | | | |
|---|---|---|---|---|
| DC | T | A | TT | PT |
| 3 | 48 | 8.75E+10 | 6.01E+02 | 2.664 608 994 |
| 6 | 54 | 8.88E+10 | 3.11E+02 | 2.435 429 168 |
| 9 | 54 | 8.88E+10 | 1.44E+02 | 2.434 792 969 |
| 12 | 54 | 8.88E+10 | 1.48E+02 | 2.434 219 07 |
| 15 | 54 | 8.88E+10 | 2.40E+02 | 2.43E+00 |
| 18 | 54 | 8.88E+10 | 1.65E+02 | 2.44E+00 |
| KA50 | | | | |
| 3 | 75 | 1.67E+11 | 1.13E+03 | 5.360 818 652 |
| 6 | 90 | 1.69E+11 | 5.66E+02 | 5.34E+00 |
| 9 | 90 | 1.69E+11 | 2.47E+02 | 5.32E+00 |
| 12 | 90 | 1.69E+11 | 2.56E+02 | 5.33E+00 |
| 15 | 90 | 1.69E+11 | 6.02E+02 | 5.34E+00 |
| 18 | 90 | 1.69E+11 | 3.24E+02 | 5.34E+00 |
| KA100 | | | | |
| DC | T | A | TT | PT |
| 3 | 154 | 3.36E+11 | 2.25E+03 | 1.76E+01 |
| 6 | 154 | 3.36E+11 | 1.17E+03 | 1.74E+01 |
| 9 | 165 | 3.37E+11 | 5.31E+02 | 1.73E+01 |
| 12 | 174 | 3.38E+11 | 6.09E+02 | 1.73E+01 |
| 15 | 174 | 3.38E+11 | 1.15E+03 | 1.73E+01 |
| 18 | 174 | 3.38E+11 | 1.15E+03 | 1.73E+01 |

| KA1 000 | | | |
|---|---|---|---|
| 3 | 1.72E+03 | 3.93E+11 | 1.44E+04 | 1.76E+03 |
| 6 | 1 859 | 3.94E+11 | 7.87E+03 | 1.87E+03 |
| 9 | 1.89E+03 | 3.99E+11 | 3.54E+03 | 1.87E+03 |
| 12 | 1.91E+03 | 4.02E+11 | 3.71E+03 | 1.88E+03 |
| 15 | 1.93E+03 | 4.06E+11 | 9.90E+03 | 1.89E+03 |
| 18 | 1.96E+03 | 4.09E+11 | 5.48E+03 | 1.89E+03 |

表 3-5　　　　　　　　任务为 1 000 时三种策略各个量的和

| 1 000—KA | | | | |
|---|---|---|---|---|
| DC | T | A | TT | PT |
| 3 | 1.72E+03 | 3.93E+11 | 1.44E+04 | 1.76E+03 |
| 6 | 1 859 | 3.94E+11 | 7.87E+03 | 1.87E+03 |
| 9 | 1.89E+03 | 3.99E+11 | 3.54E+03 | 1.87E+03 |
| 12 | 1.91E+03 | 4.02E+11 | 3.71E+03 | 1.88E+03 |
| 15 | 1.93E+03 | 4.06E+11 | 9.90E+03 | 1.89E+03 |
| 18 | 1.96E+03 | 4.09E+11 | 5.48E+03 | 1.89E+03 |
| Sum1.13E+04 | 2.40E+12 | 4.49E+04 | 1.12E+04 |
| 1 000—K | | | | |
| 3 | 1 721 | 3.93E+11 | 1.44E+04 | 1.76E+03 |
| 6 | 2 168 | 4.42E+11 | 8.99E+03 | 1.85E+03 |
| 9 | 2 533 | 5.21E+11 | 9.27E+03 | 1.89E+03 |
| 12 | 2 892 | 6.18E+11 | 5.21E+03 | 1.89E+03 |
| 15 | 3 078 | 6.85E+11 | 1.14E+04 | 1.89E+03 |
| 18 | 3 078 | 6.85E+11 | 1.17E+04 | 1.89E+03 |
| Sum 1.55E+04 | 3.34E+12 | 6.10E+04 | 1.12E+04 |
| 1 000—Random | | | | |
| 3 | 2.83E+03 | 7.17E+11 | 2.76E+04 | 1.90E+03 |
| 6 | 4.39E+03 | 1.22E+12 | 2.67E+04 | 2.07E+03 |
| 9 | 4.34E+03 | 1.20E+12 | 1.21E+04 | 2.03E+03 |
| 12 | 4.96E+03 | 1.35E+12 | 1.17E+04 | 2.02E+03 |
| 15 | 4.81E+03 | 1.29E+12 | 2.08E+04 | 2.01E+03 |
| 18 | 5.45E+03 | 1.51E+12 | 2.89E+04 | 2.02E+03 |
| Sum2.68E+04 | 7.28E+12 | 1.28E+05 | 1.21E+04 |

图 3-8 显示的是数据中心数量改变时文件移动量的变化情况。实验结果表明,随着数据中心数量的增多,对于 4 种测试的标准工作流来说,Random 策略下的文件移动量随着数据中心数量的增加几乎呈线性增长变化,文件移动量增加得非常快。对于 K 策略,当任务数分别为 30、50 时[图 3-8(a)、(b)],随着数据中心个数的增加,其文件移动量同样先是近似线性增长,但速率低于随机部署策略,且当数据中心数增加到 12 时达到稳定;当任务数为 100 时[图 3-8(c)],其文件移动量在前半段(数据中心个数小于 9)基本保持稳定,后半段先是增加,很快又达到稳定;当任务数为 1 000 时[图 3-8(d)],其文件移动量先是逐步增加,在数据中心数大于 15 后达到稳定。如图 3-8(a)、(b)、(c)所示,在 KA 策略下,文件移动量同样随着数据中心数量的增加而增加,但相对于另外两种策略增加

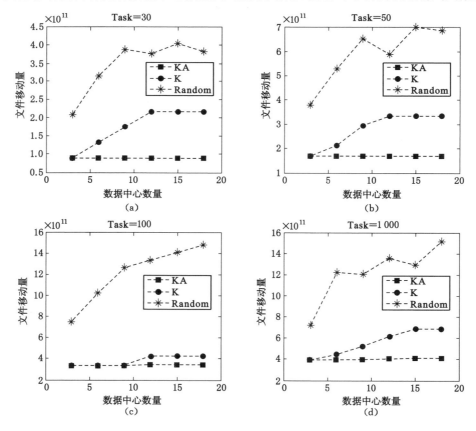

图 3-8　数据中心数量对文件移动量的影响
(a) Task=30 时科学工作流;(b) Task=50 时科学工作流;
(c) Task=100 时科学工作流;(d) Task=1 000 时科学工作流

得很少,且很快能到达稳定,当任务数为 1 000 时,如图 3-8(d)所示,其文件移动量增加得非常缓慢。总的来说,在 4 种不同的测试任务集情况下,随着数据中心数量的增加,随机部署策略和 K 部署策略的数据移动量都在逐步较快增加,KA 策略的文件移动量则相对稳定,增长缓慢。由此可以明显看出 Random 策略此项性能最差,KA 策略优于 K 策略。

下面对三种策略下的文件移动量单项性能进行定量比较。当任务数为 1 000 时,具体的情况如下:

$$\left(1-\frac{K}{Random}\right)\times100\%=\left(1-\frac{3.34\times10^{12}}{7.28\times10^{12}}\right)\times100\%=54.12\%$$

$$\left(1-\frac{KA}{K}\right)\times100\left(1-\frac{2.40\times10^{12}}{3.34\times10^{12}}\right)\times100\%=28.14$$

当任务数为 30 时,具体的情况如下:

$$\left(1-\frac{K}{Random}\right)\times100\%=\left(1-\frac{1.04\times10^{12}}{2.07\times10^{12}}\right)\times100\%=49.7\%$$

$$\left(1-\frac{KA}{K}\right)\times100\%=\left(1-\frac{5.32\times10^{11}}{1.04\times10^{12}}\right)\times100\%=48.9\%$$

由此看出当任务集为 1 000 时,在文件的移动量方面,K 策略比 Random 策略降低了 54.12%,KA 策略比 K 策略降低了 28.14%;当任务数为 30 时,K 策略比 Random 策略降低了 49.7%,KA 策略比 K 策略降低了 48.9%。

分析其原因是随着数据中心数量的增多,用户的数据很可能位于不同地点的不同数据中心,为了协调完成整个研究任务,需要用到不同数据中心的数据,这样在任务执行期间,就必须进行数据的传输,把其他数据中心的数据传输到任务所在的数据中心,因此任务执行时调用其他数据中心数据集的可能性增加,导致数据传输量上升。KA 策略要优于 K 策略的主要原因是 KA 策略将与任务最大相关的数据集聚集在一起,任务调度器将任务调度到该数据集所在的数据中心,从而减少了数据的移动量;由于类似的原因,K 策略优于随机部署策略。

图 3-9 所示是数据中心数量增加时文件移动次数的变化情况。实验结果表明,对于 4 种测试的标准工作流,随着数据中心数量的增多,Random 策略下的文件移动次数在逐步上升;在 K 策略下,文件移动次数首先会上升,但相对于 Random 策略来说上升得较慢,并逐步达到稳定;在 KA 策略下,文件移动次数随着数据中心数量的增加呈现逐步增加的趋势,但相对于另外两种策略来说增加很少。当任务集为 30 时,文件移动次数的性能比较结果如下:

$$\left(1-\frac{K}{Random}\right)\times100\%=\left(1-\frac{517}{813}\right)\times100\%=36.4\%$$

$$\left(1-\frac{KA}{K}\right)\times100\%=\left(1-\frac{318}{517}\right)\times100\%=38.5\%$$

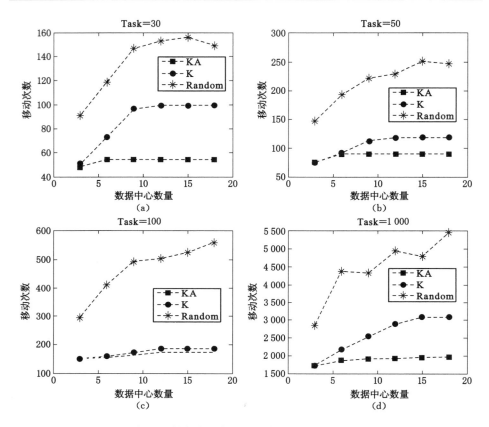

图 3-9　数据中心数量对文件移动次数的影响

（a）Task＝30 时科学工作流；（b）Task＝50 时科学工作流；

（c）Task＝100 时科学工作流；（d）Task＝1 000 时科学工作流

就文件移动次数来说，K 策略比 Random 策略降低了 36.4％，KA 策略比 K 策略降低了 38.5％。

图 3-10 所示是当数据中心数量改变时任务执行时间的变化情况。设定当数据中心数量为 $K$，数据中心的性能为 $1 \sim K$ 之间均匀分布的一组随机数，例如：数据中心的数量为 9 时，这 9 个数据中心的性能为 1 到 9 之间的一些随机数：$C = \{7,3,5,4,5,9,7,9,3\}$。按上述方法产生的数据中心的性能也可能不一样，所以在比较任务执行时间时应做横向比较，也就是在数据中心数量相同的情况下对三种不同的策略进行比较。图 3-10 表明，在不同任务集和不同数量数据中心的环境下，在完成任务的处理时间方面，KA 策略和 K 策略明显优于 Random 策略很多，KA 策略的任务执行时间稍微优于 K 策略。实验结果再次

证明,本书提出的数据部署和任务调度策略不但能优化文件的移动量和移动次数,还能优化任务的执行性能。

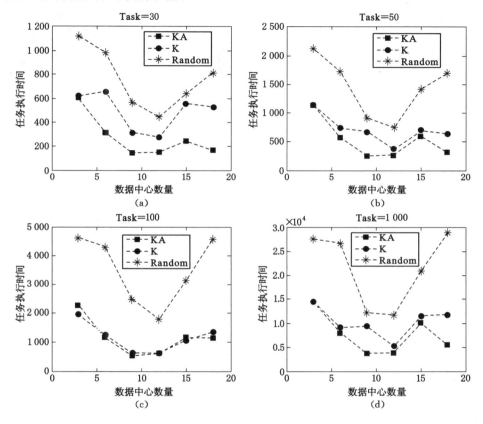

图 3-10　数据中心数量对任务执行时间的影响

（a）Task＝30 时科学工作流；（b）Task＝50 时科学工作流；

（c）Task＝100 时科学工作流；（d）Task＝1 000 时科学工作流

　　图 3-11 所示的是数据集任务量增加分别对文件移动次数和移动量的影响情况。从图中可以看出,三种策略下随着任务数量的增加,文件的移动次数和文件的移动量都在增加,但 KA 策略的性能明显要优于另外两种策略。

　　根据仿真结果,三种策略在 4 种标准工作流情况下总的文件移动次数和文件移动量的性能比较计算如下：

$$\left(1-\frac{KA_{T=30}^{MA}+KA_{T=50}^{MA}+KA_{T=100}^{MA}+KA_{T=1\,000}^{MA}}{K_{T=30}^{MA}+K_{T=50}^{MA}+K_{T=100}^{MA}+K_{T=1000}^{MA}}\right)\times100\%=39.48\%$$

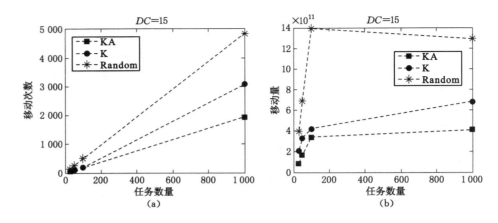

图 3-11　任务数量增加分别对文件移动次数和移动量的影响

$$\left(1-\frac{K^{MA}_{T=30}+K^{MA}_{T=50}+K^{MA}_{T=100}+K^{MA}_{T=1000}}{Random^{MA}_{T=30}+Random^{MA}_{T=50}+Random^{MA}_{T=100}+Random^{MA}_{T=1000}}\right)\times100\%=55.5\%$$

$$\left(1-\frac{KA^{MT}_{T=30}+KA^{MT}_{T=50}+KA^{MT}_{T=100}+KA^{MT}_{T=1000}}{K^{MT}_{T=30}+K^{MT}_{T=50}+K^{MT}_{T=100}+K^{MT}_{T=1000}}\right)\times100\%=35.29\%$$

$$\left(1-\frac{K^{MT}_{T=30}+K^{MT}_{T=50}+K^{MT}_{T=100}+K^{MT}_{T=1000}}{Random^{MT}_{T=30}+Random^{MT}_{T=50}+Random^{MT}_{T=100}+Random^{MT}_{T=1000}}\right)\times100\%=40.99\%$$

以上各式中 $MT$、$MA$ 分别表示文件的移动次数、移动量,计算结果表明本书所提出的 KA 策略比 K 策略在数据移动次数上降低了 35.29%,K 策略比 Random 策略降低了 40.99%;在数据移动量上 KA 策略比 K 策略降低了 39.48%,K 策略比 Random 策略降低了 55.5%。

分析其原因是 K 策略按照相关度原则将相关度大的文件集聚集在同一个数据中心,而 KA 策略基于最大关联量原则将关联量最大的文件集聚集在同一个数据中心。同时,在运行阶段 K 策略将任务调度到相关文件个数最多的数据中心,而 KA 策略则将任务调度到文件关联量最大的数据中心,所以在任务执行时,基于最大相关量的数据部署和任务调度策略引起的文件传输量和文件传输次数就会明显减少。

# 3.7　小结

本章对云计算环境下数据密集型应用科学工作流的基本概念进行了定义和说明,对资源部署和任务调度进行了分析,在此基础上提出了最大关联量模型,利用原始数据形成关联矩阵,然后设计了键能聚类算法将关联量最大的数据聚集在一起,同时设计了 $K$ 分割算法把聚类矩阵分割为 $K$ 个部分,根据该分割结果即可将任务调度到相应的数据中心。仿真结果表明,上述模型和算法能有效地减少数据的传输次数和传输量,并且提高了系统的性能。

# 第4章　基于粒子群算法的任务调度优化方法

## 4.1　引言

　　科学类应用通常是任务复杂型、计算密集型或数据密集型的应用,这些应用执行起来通常需要花费很长的时间。另一方面,数据密集型应用不仅存在于科学类应用中,也存在于 Web 环境中。为了最小化响应时间和处理时间,在任务调度策略方面,对这类系统应聚焦于任务的调度方式,主要通过降低数据的移动量和增强系统的处理能力来改善性能。另外科学类应用通常是基于科学工作流的,运行科学工作流通常不但需要高性能的计算,而且需要存储大量数据[133]。以往,普遍将科学工作流部署在网格系统中[134],因为网格具有高计算性能和巨大的存储空间。然而,网格计算适合一些专门的应用,而不适合分布在世界各地普通用户的使用。而云计算被定义为基于互联网和虚拟化技术的分布式并行计算系统,可以将计算动态地按需提供给用户[135]。文献[136]对网格和云计算进行了综合比较,并指出云计算和网格系统有一些相同的特征,如都具有高性能和大量的存储空间,都适合科学工作流的应用,所以新兴的云计算为处理科学工作流等复杂应用提供了一种新的方式。

　　就我们的问题而言,复杂的应用分为两类:其中的一类是计算密集型,另一类是数据密集型。就数据密集型应用来说,我们的调度策略是降低数据的移动,也就是降低数据的移动时间,但是对于计算密集型任务调度,调度策略应该把任务调度到性能高的计算机。借助于云计算,科学工作流将获得更广泛的应用。然而,我们面对很多挑战,其中任务调度和数据分配就是其中之一。怎样有效调度任务是应用中最重要的问题。

　　无论哪一类科学应用,都需要为其制定适当的任务调度策略,这样才能使其在云计算的环境下成功运行,如上一章通过优化数据部署与任务调度的方法降低数据的传输量和传输次数。由于任务调度问题属于 NP 问题,启发式算法在解决此类问题上有一定优势,因此本章主要研究如何利用粒子群优化算法,对任务执行时间、数据传输时间、任务处理费用和数据传输费用等进行优化,特别是设计了嵌入可变邻域搜索的混合粒子群算法,并通过实验对其进行了参数优选和验证,以显著提高其对于任务调度优化问题的全局寻优能力。在本书中,我们侧重于最小化任务的执行时间和数据的传输时间。为了减少任务的执行时间，把计算密集型的任务调度到高性能的计算机。

## 4.2　相关工作

任务调度对于科学工作流来说非常重要，且具有挑战性。在传统的分布式系统领域已对此进行过研究，如文献[137]针对网格环境，通过排队、监控和管理来实现自动的任务调度；文献[138]提出了一种在计算敏感的环境下确保数据稳健性的任务调度策略；文献[139]提出了一种在磁盘阵列环境下存储系统能量感知的任务调度策略；另外文献[140]从用户和系统服务提供者的角度研究了任务部署面临的挑战。用户只想优化他们的应用，而不考虑整个系统；系统提供者想优化整个系统的吞吐量，并且支持相对公平地使用系统资源。每个用户都追寻自己的最优化策略，系统因而将面临动态变化的需求、动态变化的可用资源和变化的资源决策目标等。为了处理这些问题，笔者提出了在异构环境下基于遗传算法的分布式部署方法和多目标优化的框架，以优化资源的部署。

针对云计算环境，文献[141]利用 MapReduce 增强型模型来实现数据密集型应用的计算加速，同时为处理大规模数据设计了基于分布式系统的能力感知的任务调度策略，该策略在运行过程中支持多种类型的计算加速以适应运行时负载的变化，并把 MapReduce 负载映射到虚拟技术环境进行加速。由于云计算变得越来越重要，新的数据管理系统已经出现，像 Google's GFS（Google File System GFS）和 Hadoop，但它们的数据隐藏在自己的基础设施后面，且 GFS 主要用来进行 Web 搜索；另外 Hadoop 是一个更通用的分布式文件系统，当使用 Hadoop 时，系统自动地把文件分块，随机地把这些块部署到各个数据中心里。文献[142]研究了通过利用云计算资源增强任务可靠性的问题，首先任务调度使用网格资源，当任务的执行时间过大，延时增加时，启动云计算资源，然后通过任务的再调度把任务调度到云计算资源里来加速任务的执行；在该模型中，一个工作被称为一个任务包，任务包由大量独立任务构成；为了优化任务的部署与调度，设计了一个新颖的称之为云可靠的再调度技术，并且运用启发式算法来完成任务调度的最优化，这种工作模型适用于科学和工程应用的场合。Cumulus 项目引进了基于数据中心的科学流体系结构[143]，Nimbus 工具包能直接将集群应用转换为云计算应用，并且已经被用于建立科学云应用[144]。

文献[48]提出了在云计算环境下，一种基于 $K$-means 聚类的策略来减少数据的移动次数；然而数据移动次数的减少，并不必然意味着处理费用和数据转移时间的减少。徐骁勇等[145]通过采用特殊的种群初始化方法以及引入学习机制等方法对非支配排序遗传算法进行改进,将其应用于云计算节能调度问题,以减少任务执行时间,有效降低能耗。刘万军等[146]针对云计算服务集群的资源调度和负载均衡优化问题,将反向飞行变异粒子的思想应用到粒子群优化中,有效地提高了任务执行效率。钱琼芬等[147]将应用层的服务质量映射到设备层,利用效用函数的管理策略实现资源的优化调度,以优化任务执行时间。张水平等[148]针对传统遗传算法容易陷入过早收敛的问题,提出了一种改进的元胞自动机遗传算法,并应用于云计算环境下的资源调度,该算法能缩短任务完成时间,满足云计算环境下的资源调度要求。然而,对如何显著减少云计算环境下不同数据中心间的传输时间和有关费用等问题,国内外至今均尚未进行深入、全面的研究。

近来的一些研究关注了费用问题,文献[149]从费用的角度研究了计算敏感和数据敏感的问题,作者利用非线性规划模型,在科学工作流环境下,最小化数据检索和执行的费用。J. Tordsson 等[150]论述了云代理和多个云系统结构的虚拟机管理问题,在架构中描述了数据在多个云中部署和优化问题;他们的模型考虑到了价格、性能、硬件配置的限制和负载平衡问题,相对于单个云而言,他们在多个云中部署数据从而改善了性能、降低了费用,但就费用方面来说仅仅优化了处理费用。

由于任务调度问题属于 NP 问题[151],而遗传算法、粒子群优化算法等启发式算法,因在解决 NP 问题方面性能较好,已被较成功地用于解决此类问题[152]。有关研究成果进一步表明,粒子群优化算法在这方面的优化效果通常优于遗传算法,而且收敛速度较快,例如,文献[153]指出粒子群优化算法在网格环境下,能够获得比遗传算法更好的调度效果;文献[154]表明了在分布式系统中粒子群优化算法的性能优于遗传算法。总的来说,不论是在传统的分布式环境下,还是在云计算环境下,不同数据中心间的数据传输的性能、费用优化方面的问题尽管非常重要,目前有关的研究和成果还较少,因此,本章选用和改进粒子群优化算法,主要研究任务调度中数据处理时间、数据传输时间、数据处理费用和数据传输费用等性能指标的优化方法。

## 4.3　任务调度问题及优化模型

在云计算环境下,由于需要处理的数据量大、任务复杂、数据中心位于世界各地以及不同数据中心间的带宽往往有限,所以实现任务处理的高性能、快速、低成本是任务调度方面非常具有挑战性的任务。任务调度问题可以理解为如何将数据部署到各个数据中心、将任务调度到最合适的数据中心,以使得处理和传输数据的时间最少、费用最低。云计算环境下,可将任务对数据的处理映射为如图 4-1 所示的处理交互图(Processors Interaction Graph,PIG),以便于描述和研究任务调度问题。处理交互图 PIG 通过 $G(V,E)$ 来描述,$V=\{v_1,v_2,\cdots,v_m\}$ 为点的集合,$V$ 中每个点代表一个数据中心,该数据中心有一个表示其处理能力大小的权值 $W$,每个数据中心可以被分配一个或多个任务;$E=\{e_1,e_2,\cdots,e_n\}$ 为边的集合,表示数据中心之间的通信联系。如果有两个任务被部署到不同的数据中心,且在这两个任务间有通信的需要,则在两个相应的数据中心之间有一条边 $e$,每条边有一个权值,其大小表示数据中心之间的网络带宽。如图 4-1 所示的例子有助于理解处理交互图,图中 5 项任务被调度到 3 个数据中心,数据中心 $DC_1$ 的权重 $W_1=500$,表示该数据中心每秒可以处理 500 万条指令的任务量;任务 $t_1$ 具有的任务量为 $DP_1$,任务量的大小为 500,如果任务 $t_1$ 被调度到数据中心 $DC_1$,则任务的处理时间为 1 s;任务 $t_3$ 具有的任务量为 $DP_3$,任务量的大小为 850,如果任务 $t_3$ 被调度到数据中心 $DC_1$,则任务的处理时间为 1.7 s;数据中心 $DC_1$ 和数据中心 $DC_3$ 之间的边表示它们之间需要进行通信,例如带宽为 10 MB;$DT_{15}$ 表示任务 $t_1$ 和任务 $t_5$ 之间有数据处理需求,任务 $t_1$ 产生的中间数据,数据大小为 350 MB,而该数据需要交由任务 $t_5$ 处理;但任务 $t_1$ 和任务 $t_5$ 在不同的数据中心,所以就需要把任务 $t_1$ 产生的中间数据传输到任务 $t_5$ 所在的数据中心。

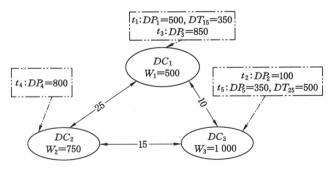

图 4-1　处理交互图

通过以上分析可知,图 4-1 所示的任务调度方案对应的总的处理时间为:$\frac{500+850}{500}+\frac{100+350+500+350}{1\ 000}+\frac{800}{750}\approx5.07$ (s),数据传输时间为 $\frac{350}{10}=35$ (s)。

为了建立更明确的任务调度模型,下面先对相关的概念进行一些解释说明。每个任务需要处理的"大小"可表示为百万条指令数(Amount of Millon

Instructions），其数值反映了任务的复杂性；$DP_i$ 代表任务 $t_i$ 需要处理的任务量的大小，数据中心的集合 $DC=\{DC_1,DC_2,\cdots,DC_m\}$ 表示全体的数据中心，$m$ 表示数据中心的总数，每个数据中心的处理能力映射为每秒处理百万条指令数；$B_{kl}$ 表示数据中心 $k$ 与数据中心 $l$ 之间的网络带宽；$DT_{ij}$ 表示任务 $t_i$ 和任务 $t_j$ 之间存在相关关系，具体的含义为任务 $t_i$ 产生的中间数据是任务 $t_j$ 在执行中需要的数据，在这种情况下，如果任务 $t_i$ 和 $t_j$ 被部署到同一个数据中心，任务 $t_i$ 产生的中间数据就不需要进行传输了，否则就需要在 $t_i$ 和 $t_j$ 所在的两个数据中心之间进行传输。

任务的处理时间如下式所示：

$$T_p = \sum_{i=1}^{n} \sum_{k=1}^{m} x_{ik} \times \frac{DP_i}{DC_k} \tag{4-1}$$

式中，$T_p$ 表示所有数据被分配到合适的数据中心，且相应的任务调度到数据所在的数据中心的情况下，全部任务的总的处理时间；$\sum_{i=1}^{n} \sum_{k=1}^{m} x_{ik}$ 表示 $n$ 个任务调度到 $m$ 个数据中心，如果任务 $t_i$ 被调度到数据中心 $k$，$x_{ik}=1$，否则 $x_{ik}=0$；$\frac{DP_i}{DC_k}$ 表示任务 $t_i$ 被调度到数据中心 $DC_k$ 的情况下，完成该任务所需的任务处理时间。

数据的传输时间计算公式如下式所示：

$$T_t = \sum_{i=1}^{n} \sum_{j=1}^{n} \sum_{k=1}^{m} \sum_{l=1}^{m} x_{ik} \times x_{jl} \times x_{kl} \times \frac{DT_{ij}}{B_{kl}} + \sum_{i=1}^{n} \sum_{k=1}^{m} x_{ik} \times \frac{D_{ir}}{B_{ky \neq k}} \tag{4-2}$$

式中，$\sum_{i=1}^{n} \sum_{j=1}^{n} \sum_{k=1}^{m} \sum_{l=1}^{m} x_{ik} \times x_{jl} \times x_{kl}$ 表示如果任务 $t_i$ 被调度到数据中心 $DC_k$ 和 $t_j$ 被调度到数据中心 $DC_l$，则 $x_{ik}=1,x_{jl}=1$，同时 $l \neq k$ 表示任务 $t_i$ 和任务 $t_j$ 被调度到不同的数据中心，并且任务 $t_j$ 需要处理任务 $t_i$ 产生的数据，则 $x_{kl}=1$；如果任务 $t_i$、$t_j$ 被调度到同一个数据中心，即 $l=k$，则 $x_{kl}=0$，那么任务 $t_i$,$t_j$ 之间就不需要进行数据的传输了。$\frac{DT_{ij}}{B_{kl}}$ 为数据传递时间。$\sum_{i=1}^{n} \sum_{k=1}^{m} x_{ik} \times \frac{D_{ir}}{B_{ky \neq k}}$，$D_{ir}$ 表示为完成任务 $i$ 所需要处理的数据（这些数据是系统中原始的数据），但是这些数据不在任务 $i$ 所在的数据中心 $k$，而在数据中心 $y$，$B_{ky \neq k}$ 表示数据中心 $k$ 与数据中心 $y$ 之间的带宽。

系统为完成全部指定任务所需时间为：

$$T = T_p + T_t \tag{4-3}$$

即等于任务的处理时间 $T_p$ 和数据的传输时间 $T_t$ 之和。

由于在云计算环境下，会按用户申请使用的处理器的性能和传输数据量的大小向其收取费用，另外不同地点的数据中心收取的使用费用也会有小的差异，因此优化任务调度方案时不仅要考虑到处理的时间和数据的传输时间，还要考虑到任务的处理费用和数据的传输费用。

下面同样借助于图 4-1 的任务处理交互图，对费用的情况进行解释说明。考虑到处理费用和传输费用，假设数据中心 $DC_1$、$DC_2$、$DC_3$ 的处理费用分别为每秒 \$0.30、\$0.40、\$0.50，数据中心之间的数据传输费用的收费标准为：\$0.1 per GB，则总的处理费用为：$\frac{500+850}{500} \times 0.30 + \frac{800}{750} \times 0.40 + \frac{100+350+500+350}{1\,000} \times 0.50 \approx \$1.89$，总的数据传输费用为：$\frac{350}{1\,000} \times 0.1 = \$0.035$。

任务的数据处理时间和数据的传输时间按式（4-1）和式（4-2）计算，同时根据数据处理的费用按使用时间计算和数据传输费用按数据传输量计算的收费方式，本书建立了处理费用的计算公式如下：

$$C_p = T_p \times P_k \tag{4-4}$$

式中，$C_p$ 为处理费用，等于数据处理中心单位时间的处理费用 $P_k$ 乘以处理时间 $T_p$。

从某数据中心输出数据的费用为：输出的数据量乘以输出单位数据的传输费用 $P_{out}$；从某数据中心输入数据的费用为：输入的数据量乘以输入单位数据的传输费用 $P_{in}$。总的数据传输费用为：

$$C_t = \sum_{i=1}^{n} \sum_{j=1}^{n} \sum_{k=1}^{m} \sum_{l=1}^{m} x_{ik} \times x_{jl} \times x_{kl} \times (DT_{ij} \times P_{out} + DT_{ij} \times P_{in}) +$$
$$\sum_{i=1}^{n} \sum_{k=1}^{m} x_{ik} \times (D_{ir} \times P_{out} + D_{ir} \times P_{in}) \tag{4-5}$$

式（4-5）是数据的输出费用和数据的输入费用之和，总的费用 $C$ 等于传输费用 $C_t$ 加上处理费用 $C_p$，如下式：

$$C = C_p + C_t \tag{4-6}$$

考虑到既要优化时间，又要优化费用，为了使适应度函数能更好地同时反映处理任务的时间和费用，需要构造一个对时间和费用同时都敏感的量，以很好地引导种群的优化方向，因此以时间和与费用和的乘积作为适应度函数。由于本书的优化属于最小化问题，根据式（4-6）和式（4-3）可以得到如下的优化函数，该函数将两优化目标（费用和时间的最小化）转化为单目标优化。

$$\min F_{mul}(T,C) = T \times C \tag{4-7}$$

s.t.

$$\sum_{k=1}^{m} x_{ik} = 1, \forall i = 1,2,\cdots,n \tag{4-8}$$

$$x_{kl}, x_{ik}, x_{jl} \in \{0,1\}, \forall i,j=1,2,\cdots,n, \forall k,l=1,2,\cdots,m \qquad (4\text{-}9)$$

约束条件式(4-8)限制一个任务必须被唯一地调度到一个数据中心;约束条件式(4-9)表示 $x_{ik}$、$x_{jl}$ 的取值为 1 或 0,为 1 时表示任务 $i$(或 $j$)被部署到数据中心 $k$(或 $l$),否则为 0;$x_{kl}$ 的取值为 1 或 0,当 $l=k$ 时,则 $x_{kl}=0$,否则 $x_{kl}=1$。

另外,为了更好地表示任务间的通信量,定义了任务间的通信密度公式如下:

$$\rho = \frac{|E|}{n(n-1)/2} \qquad (4\text{-}10)$$

式中,$|E|$ 表示所有任务间的总通信量;$n$ 表示总的任务数;$n(n-1)/2$ 表示任务间的最大通信数。

# 4.4 基于粒子群算法的任务调度方法

## 4.4.1 基本概念

**定义 4-1** 全局最优解:优化问题 $P=(S,f)$ 表示为:给定的函数 $f:\subseteq R^n \to R$,当且仅当

$$f(x^*) \leqslant f(x), \forall x \in \Omega \qquad (4\text{-}11)$$

则称 $x^*$ 为该优化问题的全局最优解,$f$ [①] 为目标函数,$\Omega$ 为可行解集($\Omega \subseteq S$),$S$ 为搜索空间。

**定义 4-2** 局部最优解:优化问题 $P=(S,f)$ 表示为:给定的函数 $f:\Omega \subseteq R^n \to R$,当且仅当

$$f(x^*) \leqslant f(x), \forall x \in N(x^*,\delta) \bigcap \Omega, N(x^*,\delta) = \{x \mid |x-x^*| \leqslant \delta\} \qquad (4\text{-}12)$$

式中,$N(x^*,\delta)$ 为 $x^*$ 的 $\delta$ 邻域,$\delta$ 为邻域半径,则称 $x^*$ 为该优化问题的局部最优解。

通常的局部最优解的求解都是从一个给定的初始点 $x_0$ 开始的,依据一定的方法和准则寻找下一个点使得目标函数得到改善的更好解。

**定义 4-3** 个体最佳位置 $pbest$:粒子 $i$ 的个体最佳位置为从第一代迭代开始找到的最好位置。考虑最小化问题,个体最佳位置按照下式计算:

$$pbest_i^{k+1} = \begin{cases} pbest_i^k & \text{如果 } f(x_i^{k+1}) \geqslant f(pbest_i^k) \\ x_i^{k+1} & \text{如果 } f(x_i^{k+1}) < f(pbest_i^k) \end{cases} \qquad (4\text{-}13)$$

式中,$f$ 为适应度函数,适应度函数定量评价一个粒子解的性能或质量。

---

① 最大化目标函数 $f$ 同最小化目标函数 $-f$,不失一般性,通过最小化问题来处理。

**定义 4-4**　全局最佳位置 $gbest$ 定义如下：

$$gbest^k \in \{pbest_1^k, \cdots, pbest_n^k\} \mid f(gbest^k) = mim\{f(pbest_1^k), \cdots, f(pbest_n^k)\}$$

$$(4\text{-}14)$$

式中，$n$ 为群中的粒子总数。

### 4.4.2　粒子群算法简介

粒子群算法于 1995 年被 Kennedy 和 Eberhart 提出[155]，其灵感来自于鱼群、鸟群等生物群体为达到共同目标（如觅食、避敌）而进行的协调合作行为。一个巨大的鸟群或鱼群，时而同步，时而突然改变觅食方向，或聚或散，这都是根据个体或群体的经历，目标是为了更好地获取食物。粒子群算法将群体中的每个个体称为一个粒子，每个粒子都是一个候选解，每个粒子的维数（$n$ 维）由特定的问题确定。每个个体不但知道自己的最佳位置 $pbest$，而且知道整个群体的最佳位置 $gbest$，且每个个体根据自己和群体的体验获得个体的最优体验。粒子的初始位置和速度是随机产生的，每个粒子的当前位置、速度分别为（$x_i^k$）、（$v_i^k$），在整个粒子群的运动过程中，每个粒子根据 $pbest$、$gbest$ 调整自己的速度和方向，且 $pbest$、$gbest$ 在整个群体的运动过程中不断地调整，始终和群体的最佳目标保持一致。粒子群速度更新公式为：

$$v_i^{k+1} = \omega v_i^k + c_1 rand_1 * (pbest_i - x_i^k) + c_2 rand_2 * (gbest - x_i^k) \quad (4\text{-}15)$$

位置的更新公式为：

$$x_i^{k+1} = x_i^k + v_i^k \quad (4\text{-}16)$$

每一代中粒子的速度和位置根据式（4-15）和式（4-16）分别更新，以期不断得到优化。粒子群算法的主要参数及其含义如表 4-1 所示。

表 4-1　　　　　　　　　　粒子群算法的主要参数及其含义

| 参数 | 含　义 |
| --- | --- |
| $v_i^k$ | 粒子 $i$ 在 $k$ 代时的速度 |
| $v_i^{k+1}$ | 粒子 $i$ 在 $k+1$ 代时的速度 |
| $x_i^k$ | 粒子 $i$ 在 $k$ 代时的位置 |
| $x_i^{k+1}$ | 粒子 $i$ 在 $k+1$ 代时的位置 |
| $\omega$ | 惯性权重 |
| $c_1, c_2$ | 加速系数 |
| $rand_1, rand_2$ | 0,1 区间上服从均匀分布的独立随机变量 |
| $pbest_i$ | 粒子 $i$ 的最佳位置 |

| 参数 | 含 义 |
|------|-------|
| gbest | 群体中所有粒子的最佳位置 |
| n | 种群大小 |
| m | 最大代数 |

### 4.4.3 种群初始化

粒子群优化算法的初始种群是随机产生的,其初始化的位置值为:

$$x_i^1 = x_{\min} + (x_{\max} - x_{\min}) \times rand \tag{4-17}$$

初始化的速度值为:

$$v_i^1 = v_{\min} + (v_{\max} - v_{\min}) \times rand \tag{4-18}$$

在式(4-16)和式(4-17)中 $x_{\max} = v_{\max} = 4.0, x_{\min} = 0.0, v_{\min} = -4.0$ ,$rand$ 是 0 到 1 之间的均匀分布随机值[156]。

### 4.4.4 任务调度的粒子群优化算法

本章的主要目标是利用粒子群算法解决任务调度问题,所以把每个粒子作为一个潜在的解,每个粒子代表一种调度方案,其中每个粒子有 $n$ 维元素,每个元素代表一个任务,其值在 1 和 $n$ 之间,$n$ 表示任务的总数。由于粒子的位置是连续的量,而任务调度涉及的是离散的量,因此要利用粒子群算法求解任务调度问题,首先需要将连续的位置量转化为离散的量。本书利用最小位置规则(Smallest Position Value,SPV)[157]把连续的位置矢量 $x_k^i = [x_1^i, x_2^i, \cdots, x_n^i]$ 转换为离散的矢量 $s_k^i = [s_1^i, s_2^i, \cdots, s_n^i]$。SPV 的实质是将待转换的连续量按升序(从小到大)排序,然后以其各自的序号作为其离散量,参见表 4-2 的转换实例和相应说明。在此基础上,为了任务调度需要将矢量 $s_k^i$ 的每个元素映射到处理器矢量 $p_k^i = [p_1^i, p_2^i, \cdots, p_n^i]$,该映射操作按照下式进行:

$$p_i^k = s_i^k \bmod m + 1 \tag{4-19}$$

式中,$m$ 为处理器数。为了将任务分配到各个处理器,把离散的矢量 $s_i^k$ 对 $m$ 求模后加 1,这样就能和相应的处理器对应起来了。表 4-2 通过实例说明了连续位置矢量通过 SPV 规则转换为离散矢量,再转换为处理器矢量的具体方法和过程。根据 SPV,连续位置矢量的最小值为 $x_4 = 0.029\ 2$,因此将连续的位置量 $x_4$ 转换为离散的位置量 $s_4 = 1$,再利用式(4-19)将离散的位置 $s_4 = 1$ 转换为处理器分配结果,即 $p_4 = 2$;第二小的连续位置矢量值为 $x_1 = 0.158\ 7$,因此可以转换为

离散位置 $s_1=2$，处理器分配结果 $p_1=3$；其他位置量的转换以此类推。总之，根据 SPV，连续的位置矢量转换为了离散矢量；按照式（4-19）离散矢量转换为了处理器矢量，从而在粒子群的逐代更新过程中相应地也更新了处理器矢量。若表 4-2 表示最终的优化结果，根据此结果任务调度器便可将任务调度到相应的数据中心，从而完成任务的调度（将任务 1 调度到处理器 3，任务 2 调度到处理器 2 等等）。

表 4-2　连续位置值的离散化转换和处理器映射的实例（7 任务，5 处理器）

| 维度 | $x_i^k$ | $s_i^k$ | $p_i^k$ |
|---|---|---|---|
| 1 | 0.158 7 | 2 | 3 |
| 2 | 3.618 9 | 6 | 2 |
| 3 | 2.382 4 | 5 | 1 |
| 4 | 0.029 2 | 1 | 2 |
| 5 | 0.825 4 | 3 | 4 |
| 6 | 2.006 3 | 4 | 5 |
| 7 | 3.813 0 | 7 | 3 |

任务调度优化的粒子群算法如图 4-2 所示。粒子群初始化为 $k$ 个随机的粒子，每个粒子根据 *pbest* 和 *gbest* 迭代更新运动直到达到最大代数。当算法执行结束，*gbest* 就表示最佳的任务调度方案，适应度函数值就是最小的任务执行成本。

### 4.4.5　任务调度体系结构

资源的分配与任务调度通过图 4-3 所示的任务调度体系结构来完成，主要模块为：

（1）请求处理服务

用户提交任务请求后，请求处理服务模块对用户的任务请求进行分析，确定用户需求，进而更新任务队列。同时调用匹配器，匹配器完成用户请求资源与系统可用资源的匹配工作，并将产生可用资源列表发送到任务调度和资源分配模块。匹配算法如图 4-4 所示，其中请求的任务集合为 $T=\{T_1,T_2,\cdots,T_n\}$，资源池中的资源的集合为 $R=\{R_1,R_2,\cdots,R_m\}$。

PSO 算法

1. 首先根据式(4-17)和式(4-18)初始化位置和速度矢量,矢量的维数为待解决问题的任务的个数 $N$。

2. 然后根据最小位置规则把连续的位置矢量($x_k^i = [x_1^i, x_2^i, \cdots, x_n^i]$)转变为离散的位置矢量($s_k^i = [s_1^i, s_2^i, \cdots, s_n^i]$),再根据式(4-19)把离散矢量转变为处理器矢量($p_k^i = [p_1^i, p_2^i, \cdots, p_n^i]$)。

3. 根据式(4-7)计算所有粒子的适应度函数值,且把每个粒子的适应度函数值作为个体的最佳位置 $pbest$,根据式(4-14)计算出全局最佳位置 $gbest$。

4. 每个粒子更新粒子的速度和位置矢量,依据式(4-15)、式(4-16)分别对位置矢量和速度矢量进行更新。

5. 依据最小位置规则把连续的矢量($x_k^i = [x_1^i, x_2^i, \cdots, x_n^i]$)转变为离散的矢量($s_k^i = [s_1^i, s_2^i, \cdots, s_n^i]$),再根据式(4-19)把离散的矢量转换为处理器矢量($p_k^i = [p_1^i, p_2^i, \cdots, p_n^i]$)。

6. 根据式(4-7)计算每个粒子的适应度函数值,依据式(4-13)更新个体最佳位置 $pbest$;依据式(4-14)计算出全局最佳位置 $gbest$,如果其值小于当前 $gbest$,便用该最小适应值更新 $gbest$ 的值,否则 $gbest$ 的值保持不变。

7. 检查算法的结束条件即"运行到设定代数"是否得到满足,如果是则程序结束,否则到第 4 步继续执行程序。

图 4-2    任务调度优化的粒子群算法

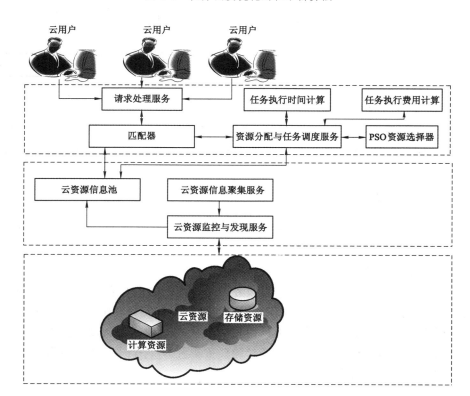

图 4-3    任务调度体系结构图

**任务匹配算法**

1. for 每个 $T_i \in \{T_1, T_2, \cdots, T_n\}$
2. 　　TaskResourcelist$_i$←{}
3. 　　for 每个 $R_j \in \{R_1, R_2, \cdots, R_m\}$
4. 　　　　if $T_i$. RequireSource＜$R_j$. GetFreeSource()
5. 　　　　　　TaskResourcelis$_i$= TaskResourcelis$_i$∪{$R_j$}
6. 　　　　end
7. 　　end
8. end

图 4-4　任务匹配算法

（2）资源分配和任务调度服务

该模块主要由任务执行时间计算器、任务执行费用计算器和基于粒子群优化的资源选择器组成。基于粒子群优化的资源选择器主要完成以下工作:根据可用资源列表和用户需求,通过粒子群优化算法,计算出期望的最佳执行时间（PSO. time(TaskResourceList$_i$)）和执行费用（PSO. cost(TaskResourceList$_i$)）,确定资源的最佳分配方案（TaskQueueList$_i$）,通过调度器完成任务的调度（TaskScheduler(TaskQueueList$_i$)）,并向云计算资源信息池发送资源变化信息以更新资源池,具体的资源分配与任务调度算法如图 4-5 所示。

**资源分配与任务调度算法**

1. for 每个 $T_i \in \{T_1, T_2, \cdots, T_n\}$
2. 　　TaskQueueList$_i$←{}
3. 　　MinimiulExecutionTime＝PSO. time(TaskResourceList$_i$)
4. 　　MinimiulExecutionCost＝PSO. cost(TaskResourceList$_i$)
5. 　　TaskQueueList$_i$＝TaskQueueList$_i$∪PSO. BestResourceAllocaton(TaskResourceList$_i$)
6. end
7. for 每个 $T_i \in \{T_1, T_2, \cdots, T_n\}$
8. 　TaskScheduler(TaskQueueList$_i$)
9. end

图 4-5　资源分配与任务调度算法

（3）云资源信息聚集服务

该服务定期地调用云资源监控和发现服务,聚集可用资源的静态和动态信息。静态信息主要指处理速度、操作系统类型、服务类型等;动态信息主要是处理器的负载、运行的虚拟机数、任务的处理时间、处理延时等。聚集的信息用于动态地更新云计算资池。

（4）云资源监控与发现服务

云资源监控与发现服务主要监控云资源的运行状态与发现系统中可用的资源，并更新云计算资源池。

### 4.4.6 实验结果及其分析

本书仿真环境为：AMD Phenom Ⅱ X4 B95 3.0 GHz，2G RAM，利用 MATLAB R2009b 编程仿真程序。测试数据是随机产生的，任务的大小限制在 1 000 到 100 000 百万条指令之间，每个数据中心的处理能力大小在{500，1 000，2 000，4 000}四个数值中（等可能性地）随机选择，不同数据中心之间的带宽限定在 100～1 000 MB 之间，任务间的数据传输量限定在 1 000～10 000 MB 之间，数据中心的选择在初始化时是随机均匀分布在四个数据中心。参数的设置为：把加速系数 $c_2$，$c_1$ 设定为 1.494 45，惯性权重 $\omega$ 设定为 0.729[158]，研究表明这样设置有利于算法的收敛，种群规模取 20～40 就可以达到很好的求解效果，因此将种群规模设定 30，性能测试基于最小化任务处理时间、处理费用和数据传输时间、数据传输费用，程序结束的标准是运行设定的迭代次数，这里设定为 1 000。

亚马逊提供了按需实例、预留实例和竞价实例的收费方式[①]，本书选择按需实例标准即按时间购买计算能力的收费方式（On-Demand Instances），具体收费信息如表 4-3 所示。数据的传输费用根据不同数据中心之间的数据传输量大小收取，收费标准为 $0.01 per GB，操作系统选择 Linux/UNIX 。

**表 4-3**                           **标准按需实例使用的收费方式**

|  | 美国东部 | 欧洲（爱尔兰） | 亚太地区（东京） | 南美洲（圣保罗） |
|---|---|---|---|---|
| 小型（默认） | $0.060 每小时 | $0.065 每小时 | $0.088 每小时 | $0.080 每小时 |
| 中型 | $0.120 每小时 | $0.130 每小时 | $0.175 每小时 | $0.160 每小时 |
| 大型 | $0.240 每小时 | $0.260 每小时 | $0.350 每小时 | $0.320 每小时 |
| 超大型 | $0.480 每小时 | $0.520 每小时 | $0.700 每小时 | $0.640 每小时 |

实验目标是以式（4-7）为适应度函数，把任务数分别为 10、50、100，任务间的通信密度分别为 0.1、0.2、0.3 的数据和任务最优地部署、调度到全球的四个数据中心；由于粒子群优化算法是随机算法，对于同一个问题每次的运行结果有可能不同，因此需取多次（本节为 10 次）运行结果的平均值来对算法进行比较分析，实验结果如表 4-4 所示。

---

① http://aws.amazon.com/cn/ec2/pricing/。

表 4-4　　　　　　　　　　粒子群算法优化的结果

| $n$ | $m$ | $\rho$ | 处理时间<br>（优化前）/s | 处理时间<br>（优化后）/s | 费用（优化前）<br>/$ | 费用（优化后）<br>/$ |
|---|---|---|---|---|---|---|
| 10 | 4 | 0.1 | 85.66 | 64.02 | 9.51 | 4.37 |
|  |  | 0.2 | 93.53 | 61.89 | 8.08 | 3.72 |
|  |  | 0.3 | 212.52 | 186.14 | 8.59 | 4 |
| 50 | 4 | 0.1 | 1 364.70 | 1 233.80 | 40.77 | 25.86 |
|  |  | 0.2 | 2 920 | 2 785 | 47.17 | 29.21 |
|  |  | 0.3 | 2 626 | 2 484 | 37.12 | 22.00 |
| 100 | 4 | 0.1 | 6 956 | 6 920 | 82.22 | 65.12 |
|  |  | 0.2 | 12 558 | 12 421 | 82.51 | 61.63 |
|  |  | 0.3 | 18 777 | 18 687 | 80.83 | 38 |

　　表 4-4 显示了粒子群优化前后总的处理时间和费用，其中"处理时间（优化前）"和"费用（优化前）"分别是在以随机方式进行任务调度的情况下，整个系统的处理时间和费用；"处理时间（优化后）"和"费用（优化后）"分别是根据粒子群优化算法的优化结果，把任务调度到相应的数据中心的情况下整个系统的处理时间和费用。

　　从表 4-4 可以看出，粒子群优化算法不但能优化处理时间，而且能很好地优化费用，原因是选定的适应度函数对时间和费用都比较敏感。

　　算法的收敛过程如图 4-6 和图 4-7 所示，从中可以看出算法的收敛速度很快；当任务数为 100、数据中心个数为 4、通信密度为 0.3 时，算法在 17 代左右就

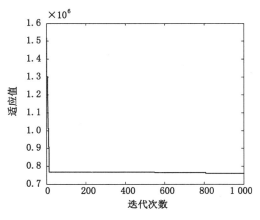

图 4-6　$T=100, \rho=0.3$ 粒子群算法收敛过程

可以获得较好的效果,但算法在大概 20 代时达到稳定,并逐渐收敛;当任务数为 50、数据中心个数为 4、通信密度为 0.3 时,算法开始收敛很快,并在 620 代左右算法稳定收敛。

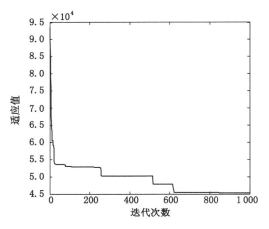

图 4-7　$T=50, \rho=0.3$ 粒子群算法收敛过程

## 4.5　任务调度的混合粒子群算法

探索能力(exploration)和开发能力(exploitation)是所有启发式算法需要考虑的两个主要方面[159],Angeline[160] 的研究表明,尽管 PSO 比其他启发算法能更快地得到相当有质量的解,但当代数增加时,收敛速度变慢,粒子失去了多样性,趋于同化。因而最优粒子常会徘徊于若干个旧状态,并不能进行更精确地搜索,为了提高求解的精度,很多研究者建议采用混合策略,在全局搜索中嵌入变邻域搜索[161-163]。变邻域搜索算法(Variable Neighborhood Search,VNS)在 1997 年首先被 Mladenovic 和 Hansen 提出[164],与其他基于局部搜索的元启发式算法不同,VNS 不遵循当前解的轨迹,而是探索性地改变邻域结构来拓展搜索范围,如果在此范围内能够获得一个较好的解,便以此解为中心,通过不断扩展邻域的搜索范围探索新的邻域[165],从而寻求更优的解。因此,鉴于 PSO 算法和 VNS 算法具有互补性,可将其结合以获得更好的解。下面先简要介绍变邻域搜索算法的 3 个主要步骤:初始化、震动与改变和局部搜索算法,再具体介绍嵌入变邻域搜索的混合粒子群任务调度算法及其实验结果。

### 4.5.1　初始化

当 PSO 算法运行时,若适应度函数值的改变量小于基准值($Be$)的次数等于基准度($De$),便将 $gbest$ 作为初始解调用 VNS 搜索算法。因为此时全局算法可能陷入局部最优,粒子徘徊于若干旧状态,适应函数的值改变很小,需要扩大搜索范围,跳出局部最优。在混合粒子群算法中基准值为实数,例如 0.1 或 0.2 等,基准度是一个正整数,如 3、4、6 等。这些数值根据具体的情况可以通过训练来获得。在本章的问题中,通过大量的实验发现,基准值取 0.1 或 0.2,基准度取 4、6,步长取 5、7、10 效果较好,尤其是基准值取 0.1,基准度取 4,步长取 7 时实验效果最佳,本章的实验参数即照此设置。

### 4.5.2　震动与改变

变邻域搜索算法的邻域结构是可变化的,设定邻域结构的范围为 100。在粒子群算法的最优解 $gbest$ 邻域内随机产生一个解作为变邻域搜索算法的候选解,如果此候选解优于 $gbest$,则以此候选解作为新的 $gbest$,否则按一个单位步长增加邻域的搜索范围继续搜索直到邻域边界。

### 4.5.3　局部搜索算法

在局部搜索算法中常采用三种搜索策略。第一种是:尽最大努力改进策略(best-best improvement method),即若在邻域内获得一个好的结果,继续在此邻域内搜索直到没有更好的结果,否则搜索下一个邻域。第二种是:先发现最好改进策略(first-best improvement method),即若在一个邻域内发现了最好的结果,就不在此邻域内搜索了,而是接着搜索下一个邻域。第三种是:首次改进策略(first improvment method),即若在一个邻域内找到一个好的结果,便停止邻域搜索,否则搜索下个邻域。通过大量的实验发现,先发现最好改进策略可以获得最优的结果,因此在本书中使用此策略。

综合以上几点,本书采用的变邻域搜索算法具体如图 4-8 所示。

### 4.5.4　混合粒子群任务调度算法

本章采用的混合粒子群算法为粒子群优化算法中嵌入 VNS 算法。具体的算法实现如图 4-9 所示。

### 4.5.5　仿真结果与分析

(1)性能比较

---

变邻域搜索算法

1. 建立邻域结构 $Y_k(x), k=1,2,\cdots,100, x$ 为初始化解。

2. (1) 设 $k=1, s=7$,直到 $k=100$;(2) 在第 $k$ 个邻域 $x$ 处随机产生一个点 $x'$ 作为候选解,$x' \in Y_k(x), x'=x+k+((-0.4)+(4.0-(-0.4))*r())$。

3. 局部搜索,运用先发现最好改进策略。若 $x'$ 优于当前的 $gbest$,使 $x=x', s=s+7$;否则,$s=s+7$。

4. 如果 $k<100$ 转到步骤 2 的(2)继续执行,否则变邻域搜索算法结束。

---

图 4-8  变邻域搜索算法

---

混合粒子群算法

1. 粒子群优化算法。

2. 如果 $gbest$ 的适应函数值改变量连续小于设定的基准值($Be$)基准度($De$)次,进入到步骤 3,否则转步骤 1。

3. 变邻域搜索算法。

4. 如果变邻域搜索算法运行完成,转到步骤 1 继续执行混合粒子群算法,否则转到步骤 3 执行变邻域搜索算法。

---

图 4-9  混合粒子群算法

关于变邻域搜索算法的参数设置如 4.5.1 节中所述,粒子群算法的模型和参数设置和实验环境如 4.4 节所述。下面对粒子群优化算法与混合粒子群优化算法的性能进行比较。

表 4-5 给出了 PSO 算法与 PSOVNS 算法在处理时间与处理费用方面的比较结果,从中可以得出如下结论:PSOVNS 算法不但在处理时间方面优于 PSO 算法,而且在处理费用方面也优于 PSO 算法,显示了混合粒子群算法的优越性。

(2) 性能分析

当任务数为 100、任务间的通信密度为 0.1 时,从图 4-10(a) 中可以看出在前 50 代内两种算法都收敛得很快。其中 PSO 算法在 65 代左右达到稳定,而 PSOVNS 算法在 43 代左右达到一个相对稳定的阶段,但此时的优化效果相对于 PSO 算法来说稍差一些。但该算法在此保持了一段稳定时间,由于此时算法的适应值相对保持稳定,满足了 VNS 算法的启动条件,因而 VNS 算法启动,在此值附近进行变邻域搜索,且扩大邻域的搜索范围,进行该邻域范围的进一步开发,在 220 代获得新的最优值,并且很快又到达一个局部的稳定阶段,并保持了一段时间;在 340 代左右又获得新的最优值,且很快达到稳定,此时算法完全稳定,找到了全局最优值,时间和费用的优化效果明显都优于 PSO 算法。从以上分析及表 4-5、图 4-10 可以得出如下结论:PSOVNS 算法对整个任务的处理时间和处理费用都明显低于 PSO 算法。

| 表 4-5 | | | PSOVNS 与 PSO 算法的优化结果 | | | |
|:---:|:---:|:---:|:---:|:---:|:---:|:---:|
| $n$ | $m$ | $\rho$ | PSO 处理时间 /s | PSOVNS 处理时间/s | PSO 费用 / \$ | PSOVNS 费用/ \$ |
| 10 | 4 | 0.1 | 64.02 | 62.67 | 4.37 | 3.57 |
| | | 0.2 | 61.89 | 51.52 | 3.72 | 1.86 |
| | | 0.3 | 186.14 | 177.88 | 4 | 2.65 |
| 50 | 4 | 0.1 | 1 233.80 | 1 107.20 | 25.86 | 10.39 |
| | | 0.2 | 2 785 | 2 782 | 29.21 | 29.18 |
| | | 0.3 | 2 484 | 2 472.80 | 22.00 | 20.76 |
| 100 | 4 | 0.1 | 6 920 | 6 877.30 | 65.12 | 43.85 |
| | | 0.2 | 12 421 | 12 319 | 61.63 | 43.54 |
| | | 0.3 | 18 687 | 18 682 | 38 | 35.92 |

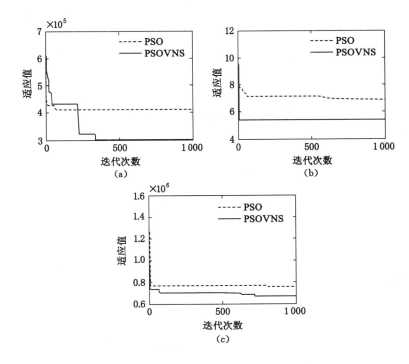

图 4-10　PSO 与 PSOVNS 的适应函数的收敛过程
(a) $T=100$，$\rho=0.1$；(b) $T=100$，$\rho=0.2$；(c) $T=100$，$\rho=0.3$

　　图 4-11 和图 4-12 分别为时间和费用的收敛情况,从图 4-11 和图 4-12 中可以看出,时间、费用的收敛过程和适应度函数的收敛过程相似,但是费用和时间的值有些震动,不太稳定,这是由于算法的适应度函数为时间与费用的乘积,但是从收敛效果上看 PSOVNS 算法的时间和费用的优化效果都优于 PSO 算法。

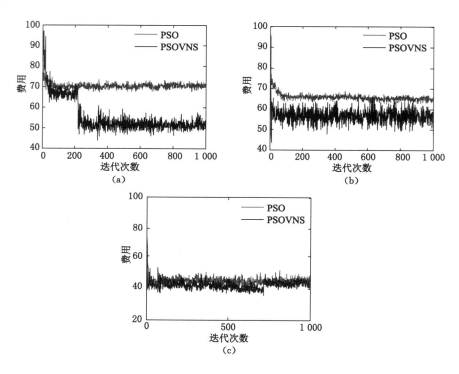

图 4-11　PSO 算法与 PSOVNS 算法的费用收敛过程
(a) $T=100$, $\rho=0.1$;(b) $T=100$, $\rho=0.2$;(c) $T=100$, $\rho=0.3$

# 4.6　小结

　　本章对任务调度问题进行了分析,建立了任务调度的优化数学模型,设计和检验了用于任务调度的粒子群优化算法和混合粒子群优化算法。首先提出了针对处理时间、传输时间、处理费用和传输费用优化的数学模型,基于此模型设计了基于最小位置规则的任务调度粒子群优化算法,仿真结果表明该模型和算法能够对处理时间、传输时间、处理费用和传输费用进行优化,提高性能降低成本;

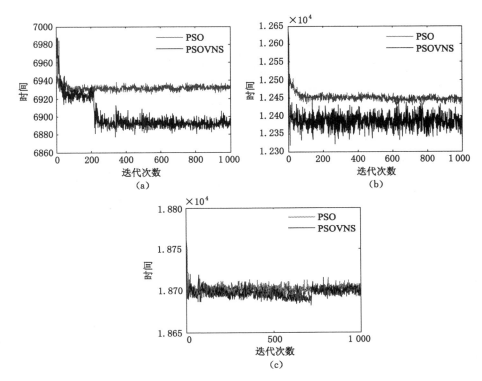

图 4-12　PSO 算法与 PSOVNS 算法的时间收敛过程

（a）$T=100$，$\rho=0.1$；（b）$T=100$，$\rho=0.2$；（c）$T=100$，$\rho=0.3$

在此基础上，为了提高算法的求解精度，提出了嵌入变邻域搜索算法的任务调度混合粒子群优化算法，仿真结果表明该混合粒子群算法在时间和费用的优化效果方面均优于粒子群算法。

# 第5章　云计算环境下能耗性能
# 感知的优化方法

物联网、社交网、科学研究及其他的基于网络的应用导致了大数据时代的出现;同时大量的数据必须在一个无缝、高效和容易解释的形式下被存储、处理和呈现。而基于云计算的数据中心可以提供像效用计算这样的虚拟基础设施,从而可以用来作为存储和处理大数据的平台;但由于数据中心处理、存储的数据量巨大,导致大量的电能消耗和碳排放,对环境产生不利的影响,因此迫切需要研究和实施云计算的绿色解决方案。

## 5.1　引言

大数据出现在诸如生命科学[166]、气象[167]、天文[168]、地质、物联网、社交网等领域,以上这些科学研究和应用导致了存储、处理海量数据的数据中心的诞生。云计算公司追求高效地运行,它们最关心的是运作的最优化。但是为了存储和处理这些数据,公司需要消耗更多的能源。一份美国环保局给国会的报告显示:2007 年,服务器和数据中心消耗了美国 1.5% 的电能,花费了 45 亿美元[169],并且到 2011 年再翻一番,花费大约 74 亿美元[170]。同时高德纳公司(Gartner)警告,数据中心是个巨大的能源消耗者,如果能耗继续保持每 5 年翻一番,从 2005 年到 2025 年,整个能耗将增加 16 倍[171]。2011 年,英国进行了数据中心产业调查(2011 Data Center Industry Census)[172],其结果显示,英国一年的数据中心消耗 310 亿 kW·h 电能,全球数据中心的能耗以每年 19% 的速度递增;另外 2010 年,日本经济贸易产业省预测全球 IT 能耗到 2025 年将增长 5 倍,2050 年将增长 12 倍[173]。

## 5.2　相关工作

文献[174]对虚拟化数据中心能耗管理问题进行了开创性的研究,作者提出了局部和全局两个方面的策略来管理资源,局部管理策略通过客户操作系统来管理,全局管理策略从当前客户操作系统获取局部的信息,从而决定虚拟的部署方案;但是在全局管理方面,作者没能提出一种自动的资源管理方法。文献

[175]提出了在集群环境下的三种工作调度策略：第一是最短队列和能耗效率优先策略，其策略是能耗感知的，有助于减少能耗，获得中等的工作响应时间；第二是最短队列和性能优先策略，该策略能优化性能，在性能优化方面好于其他两种策略，但是产生的能耗也是最大的；第三是基于概率的最短队列优先策略，该策略表现比较差，尤其是在高负载的情况下，产生中等的能耗，但是该策略能提供较好的负载平衡，特别是中等负载情况下。其局限性是提出的策略是局部的，不适用于云计算环境，此外，该策略不能动态地调整虚拟机。

文献[176]提出了线性规划和启发式算法来控制虚拟机迁移，其算法根据虚拟机能力的稳定性将虚拟机排序构成队列；根据此策略，性能稳定的虚拟机将不被迁移；在应用中，根据虚拟机性能变化情况进行迁移，以减少物理服务器的数量，但没有关注能耗和性能。B. Speitkamp 和 M. Bichler[177]提出了线性规划的方法解决静态和动态服务器的整合问题以使费用最小化，然而，作者仅仅考虑了费用的优化，没有考虑能耗和性能的优化问题。文献[178]提出了云计算环境下基于门限值的动态资源分配策略方法，该策略基于负载的变化动态地分配虚拟机，通过门限优化资源分配；作者使用了 CloudSim 仿真验证所提出的策略方法，仿真结果显示，该策略能有效地优化资源利用率和使用费用。A. Beloglazov 等[179]运用了基于固定门限的方法优化能耗，然而，固定门限值在 IaaS 混合负载环境下效率较低。J. L. Berral[180]研究了在满足服务等级协议时间要求的条件下的动态虚拟机整合问题，主要方法是通过机器学习技术优化能耗并满足服务等级协议；其提出的方法适用于特定的环境，如高性能计算。

文献[181]通过监视处理器的性能，计算出虚拟机产生的能耗；运用能量感知的虚拟机调度机制，通过限制虚拟机的能耗来降低系统的能耗。李伟等[182]针对云计算环境下消息系统的客户端点部署方式对系统的性能和能耗会产生较大影响的问题，提出了一种基于社区聚集的部署方法，该方法能根据客户端点之间的消息通信强度划分社区，提高系统性能，同时有效地降低路由节点、CPU 以及通信链路的能耗。谭一鸣等[183]针对云计算运行过程中由于任务调度的不匹配，导致系统产生大量冗余能耗的问题，提出了一种根据任务到达时机的先后、类型的不同，不同的服务器具有不同的功率和性能及服务器实时的负载情况，对任务进行有针对性调度的方法，使系统在满足性能要求的前提下，降低运行过程中产生的工作能耗和空闲能耗。宋杰等[184]提出了计算云计算节点对测试用例的平均能耗作为基准能耗的测试方法，同时通过定义的测试数据对数据管理系统的能耗进行计算，分析云计算数据管理在执行不同类型的操作时的能耗特征，提出了降低等待能耗进而优化数据管理系统能耗的方法。然而，以上文献仅仅关注于系统能耗，而没有全面考虑系统性能。

文献[185]提出了新颖的适应性能耗效率调度策略（Adaptive Energy-efficient Scheduling, AEES），AEES 无缝地集成了两种算法：全局的能耗效率调度算法（Energy-efficient Global Scheduling Algorithm, EEGS）和局部的电压调整算法（Local Voltage Adjusting, LVA）。EEGS 实时调度且适应性地根据系统负载来调整电压，以确保等待服务局部队列任务的等待时间；当任务被分配到或调度到计算节点时，实施局部调整，LVA 通过降低等待任务的服务器 CPU 的电压来降低能耗。本章运用动态虚拟机迁移技术，动态地整合虚拟机，比仅仅通过调整服务器 CPU 的电压能更好地优化性能和能耗。

米海波等[186]以 Web 应用为背景，提出了一种基于布尔二次指数的平滑方法来预测用户的请求，以有效避免配置结果滞后于请求变化，同时基于遗传算法并行搜索配置空间，快速发现合理配置；实验结果表明该方法既能满足用户服务质量要求，又能最优化能耗。但该方法只在用户请求时进行部署和优化，不能动态地优化系统的性能和能耗。

目前为止，云计算系统能耗方面的研究主要侧重于能耗的优化，对如何兼顾能耗与性能的研究还较少。本章提出了能耗和性能感知的启发式算法，该算法既可实现节能又可改善服务器性能；而且该算法适用于严格的 QoS 需求和多核结构、异构的基础设施环境。

# 5.3　能耗模型研究

随着大数据时代的来临，建立数据中心成为解决数据存储的主要途径；同时全球数据中心的建立导致数据中心的高能耗逐渐成为一个严峻的问题，从而给高效的资源管理带来新的挑战。

高能耗、高污染一直制约着云数据中心的发展。据统计，如果将全球的数据中心整体看成一个国家的话，那么其总耗电量将在全世界国家中排名第 15 位[187]。由于数据中心 60% 的运营成本来自于能耗，因此如何降低能耗以节省云服务不断攀升的成本，缓解日益严重的碳排放污染是云数据中心可持续发展过程中亟待解决的问题。IT 设备能耗是数据中心能耗的主要组成部分，而且系统中其他部分的能耗也与 IT 设备的能耗密切相关。J. Judge[188]等指出：如果 IT 设备能耗减少 1 W，由此带来的其他辅助部分的能耗也会相应地减少 1.84 W，而 Cisco[189]的研究报告指出，制冷能耗与 IT 设备能耗之间的比值在 1.8 到 2.5 之间浮动），因此提高 IT 设备能效对于数据中心发展有着非常重大的意义。

目前数据中心 IT 设备运行中存在的主要问题是：低负荷率导致的低能效，

因为数据中心所处理的数据量往往波动较大,很多时间设备都处在较低的工作负荷下,能源利用率低下带来的问题是严重的能源浪费。K. Rajamani 等[190]针对该问题提出了名为能耗感知的请求分布式(Power-aware Request Distribution,PARD)解决方案,其核心内容是在保证数据中心具有足够处理能力的情况下,尽可能地使 IT 设备的运行数量最小化。该方法的实质是尽可能提高 IT 设备的负荷率以使其在较高的能效情况下工作。

为了研究和解决数据中心的高能耗问题,首先需要建立先进适用的数据中心能耗模型,以其为基础才能通过有效的能耗管理策略、方法和技术,降低设备的能耗费用、冷却费用,进而改善环境;同样以其为基础才能进行资源的调度、管理、预测控制等,实现数据中心的绿色计算。因此,研究和建立大规模数据中心的能耗模型是研究和解决数据中心能耗优化问题、实现绿色计算的基础和关键。本节研究数据中心的主体——服务器的能耗模型,以当前通用的服务器为研究对象,基于线性回归分析法与多项式功率模型预测法,提出了具有回归分析的线性预测模型和改进的非线性指数预测模型。实例分析表明,利用这两种模型可有效地提高服务器功率的预测精度。

### 5.3.1　能耗模型研究

研究服务器的能耗,首先应研究服务器的功率。计算服务器的能耗一般根据服务器的运行时间 $T$ 和其在运行期间的平均功率 $P$,相应的能耗计算公式如下:

$$E = P \cdot T \tag{5-1}$$

因此知道了功率和工作时间就可以计算出服务器的能耗。但是如何确定服务器的功率?如果像通常的做法那样,根据服务器出厂时铭牌上标注的额定功率来计算服务器的能耗,很可能不够准确。X. B. Fan 等[191]测试了一款服务器,其测定的峰值功率(实际功率)仅为额定功率的 60%,因此实测的功率能更好地反映系统的真实功率。

为了能很好地运用功率模型对服务器的动态性能进行监控和调整,需要能够实时测定服务器的功率;为此需要在服务器内部嵌入一个专业的设备,实时地监控服务器的能耗数据,用于进行统计分析和对服务器进行调整,但这种方法过于复杂,并且需要收集服务器系统中每个成员的数据。X. B. Fan 在文献[191]中指出 CPU 利用率和服务器的功率之间存在着很强的依赖关系,即服务器的功率与 CPU 的利用率之间呈现线性关系,可表示为:

$$P(u) = P_{idle} + (P_{busy} - P_{idle}) \cdot u \tag{5-2}$$

式中,$P(u)$ 是估计的功率;$P_{idle}$ 是服务器空闲时的功率;$P_{busy}$ 是服务器的 CPU 达到 100％利用率时的功率；$u$ 是当前的服务器 CPU 利用率。该模型简称 U 模型，此外该文献还提出了一种如下的非线性功率模型：

$$P(u) = P_{idle} + (P_{busy} - P_{idle}) \times (2u - u^r) \qquad (5\text{-}3)$$

式中，$r$ 是校准参数，对于不同的服务器需要精确的调整。该模型被称为多项式模型，简称 R 模型。

该文献对数千个不同负载情况下的节点进行了广泛的测试，测试结果表明所提出的模型能精确地预测服务器的功率，具体来说线性模型 U 的误差不超过 5％，（校准参数 $r$ 设定为 1.4 时）多项式模型 R 的误差不超过 1％。如此精确的预测结果可以解释为：CPU 是服务器的主要能量消耗者，与 CPU 相比其他部件（例如：I/O，内存等）功率的动态变化很窄或者它们的变化和 CPU 的活动相关。L. A. Barroso 等[192]指出：当服务器转换到低能耗模式时，当前的服务器能耗减少 70％。其他部件的能耗动态范围很窄：DRAM 不到 50％，硬盘驱动器不到 25％，网络交换机不到 15％。

另外，文献[193]通过研究发现，平均来说服务器空闲时的能耗是服务器满负荷时的 70％，因此为了降低能耗，可以把空闲的服务器关闭或调整到睡眠模式。该文献提出了如下的服务器功率估算公式

$$P(u) = k \cdot P_{max} + (1 - k) \cdot P_{max} \cdot u \qquad (5\text{-}4)$$

式中，$P_{max}$ 是服务器满负荷时的功率；$k$ 是服务器空闲时消耗功率（相对应满负荷）的比例；$u$ 是 CPU 的利用率。该模型简称为 K 模型。由于负载的动态性，CPU 的利用率会随着时间改变，因此一个物理节点的能耗为：功率在一个特定的时间间隔内的积分，可以表示为：

$$E = \int_{t_0}^{t_1} P(u(t)) \mathrm{d}t \qquad (5\text{-}5)$$

### 5.3.2 能耗模型改进

为了便于研究功率模型，本书从 Standard Performance Evaluation Corporation 网站（http://www.spec.org/power_ssj2008/results/）下载了一些主流服务器的 CPU 利用率与实际功率对应关系的数据，如表 5-1 所示。

为了检验测量值和（基于模型的）估算值之间的拟合度，定义测量值和估算值之间的偏差的方差为：

$$s = \sqrt{\frac{1}{n-1} \left[ (x_1 - y_1)^2 + (x_2 - y_2)^2 + \cdots + (x_n - y_n)^2 \right]} \qquad (5\text{-}6)$$

式中，$n$ 为测量的 CPU 百分比利用率的点数；$x_1, x_2, \cdots, x_n$ 为各个测量点的测量值；$y_1, y_2, \cdots, y_n$ 为各个测量点的估算值。为比较几种模型给出的估算和测量

**表 5-1**　　　　　　　　　**典型的服务器在不同的 CPU 利用率下的功率**

| 服务器 | 0% | 10% | 21% | 30% | 40% | 50% | 60% | 70% | 80% | 90% | 100% |
|---|---|---|---|---|---|---|---|---|---|---|---|
| HP ProLiant G5 | 93.7 | 97 | 101 | 105 | 110 | 116 | 121 | 125 | 129 | 133 | 135 |
| PowerEdge C5220 | 194 | 254 | 303 | 345 | 386 | 427 | 481 | 539 | 597 | 635 | 672 |
| IBM System x3650 M4 | 57.2 | 84 | 93.2 | 103 | 114 | 129 | 148 | 171 | 193 | 226 | 262 |
| IBM iDataPlex Server dx360 M4 | 99.1 | 147 | 166 | 186 | 210 | 240 | 279 | 325 | 370 | 436 | 507 |
| System x3250 M3 | 42.3 | 46.7 | 49.7 | 55.4 | 61.8 | 69.3 | 76.1 | 87 | 96.1 | 106 | 113 |

值之间的差异性,定义单次测量误差百分比:$\dfrac{|估算值-测量值|}{测量值}\times 100\%$,以及总的测量误差百分比为:$\dfrac{1}{n}\sum\limits_{i=1}^{n}\dfrac{|x_i-y_i|}{y_i}\times 100\%$。为了检验和比较 U 模型、K 模型和 R 模型的预测准确程度,根据表 5-1 和上述模型对测量误差进行了计算,计算结果如表 5-2 所示。

**表 5-2**　　　　　　　　**R 模型、U 模型、K 模型的测量方差和误差百分比**

| 服务器 | 方差 | | | 误差百分比 | | |
|---|---|---|---|---|---|---|
|  | $R=1.4$ | $U$ | $K=0.7$ | $R=1.4$ | $U$ | $K=0.7$ |
| HP ProLiant G5 | 3.390 9 | 1.651 6 | 1.686 8 | 0.029 | 0.010 7 | 0.012 8 |
| PowerEdge C5220 | 38.856 5 | 10.353 7 | 166.437 | 0.073 8 | 0.018 3 | 0.435 8 |
| IBM System x3650 M4 | 39.273 2 | 21.923 9 | 91.325 | 0.232 6 | 0.121 9 | 0.781 2 |
| IBM iDataPlex Server dx360 M4 | 79.790 8 | 44.692 9 | 186.85 | 0.260 2 | 0.134 0 | 0.889 4 |
| System x3250 M3 | 12.437 6 | 6.082 8 | 27.69 | 0.153 5 | 0.072 7 | 0.408 1 |

从表 5-2 可以看出,除了 HP ProLiant G5 服务器外,上述模型对几种服务器给出的功率估算值和测量值之间存在较大的差异,因此,如果利用这些模型预测服务器功率会产生较大偏差,进而会导致以其为基础的服务器调整产生误调。为了减小预测的误差,下面首先分析一下几种服务器的功率随 CPU 利用率变化的曲线图(图 5-1),以便从中发现规律,设计相应的预测模型。

从以上服务器的功率随服务器 CPU 利用率的变化曲线可以看出,有的服务器的功率曲线具有线性关系,有的则具有指数关系。据此对前述几种功率模型进行改进,首先,根据式(5-4)得到

$$k=\frac{P(u)-P_{\max}\cdot u}{P_{\max}-u\cdot P_{\max}} \tag{5-7}$$

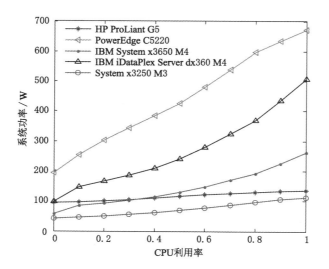

图 5-1　服务器在不同的 CPU 利用率下的功率

为了得到更准确的 $k$，取

$$k = \frac{1}{n} \sum_{i=1}^{m} \frac{P(u_i) - P_{\max} \cdot u_i}{P_{\max} - u_i \cdot P_{\max}} \tag{5-8}$$

采用线性回归分析的方法建立线性回归模型（Regression Analys），简称为 Re 模型，回归方程如下

HP ProLiant G5 回归方程为：

$$y = 92.9955 + 44.1346x$$

相关系数：0.9970

PowerEdge C5220 回归方程为：

$$y = 199.4091 + 479.9091x$$

相关系数：0.9988

IBM System x3650 M4 回归方程为：

$$y = 49.9727 + 187.4x$$

相关系数：0.9789

IBM iDataPlex Server dx360 M4 回归方程为：

$$y = 80.7136 + 377.6818x$$

相关系数：0.9795

System x3250 M3 回归方程为：

$$y = 36.3364 + 73.4x$$

相关系数：0.9894

其次,根据表 5-1 对各种服务器的 R 模型的参数 $r$ 分别进行优化,结果依次为:1.057,1.044,0.9,0.9,0.9。对于表 5-1 中的各种服务器,上述线性回归模型和参数优化后的 R 模型的测量方差和误差百分比如表 5-3 所示。

表 5-3                   几种模型的测量方差和误差百分比

| 服务器 | 方差 | | | | 误差百分比 | | | |
|---|---|---|---|---|---|---|---|---|
| | $R$ | $U$ | $K$ | $Re$ | $R$ | $U$ | $K$ | $Re$ |
| HP ProLiant G5 | 1.539 6 | 1.651 6 | 3.259 9 | 1.132 5 | 0.011 2 | 0.010 7 | 0.025 8 | 0.012 |
| PowerEdge C5220 | 8.667 3 | 10.353 7 | 8.916 | 7.890 1 | 0.015 1 | 0.018 3 | 0.017 5 | 0.019 3 |
| IBM System x3650 M4 | 13.65 | 21.923 9 | 34.12 | 12.97 | 0.086 7 | 0.121 9 | 0.256 2 | 0.130 5 |
| IBM iDataPlex Server dx360 M4 | 25.84 | 44.692 9 | 62.30 | 25.75 | 0.089 5 | 0.134 0 | 0.281 6 | 0.142 7 |
| System x3250 M3 | 1.546 6 | 6.082 8 | 5.49 | 3.58 | 0.016 5 | 0.072 7 | 0.065 6 | 0.075 3 |

从表 5-3 可看出,R 模型和线性回归模型的测量方差和误差最小,且对于多数服务器,R 模型的效果更好。但考虑到有几种服务器的功率随 CPU 利用率呈指数曲线规律变化,本书进一步提出如下的指数模型(Exponent Model),简称 EM 模型。

$$P(u) = P_{idle} + (P_{busy} - P_{idle}) \cdot u^r \tag{5-9}$$

根据表 5-1 对各种服务器的 EM 模型的参数 $r$ 分别进行优化,结果依次为:0.953,0.957,1.45,1.479,1.364。

对于测试的服务器运用改进的 R 模型、线性回归模型和指数 EM 模型得到模型值和测量值之间的误差和方差进行计算,结果如表 5-4 所示,曲线拟合效果如图 5-2 到图 5-6 所示。图中 OD 表示优化后模型。从中可以看出,改进的 R 模型、线性回归模型和指数 EM 模型对测量曲线的拟合程度均好于 U 模型、K 模型和 R 模型,尤其是指数 EM 模型的拟合度最好。因此,本章后续部分即选用该指数模型进行服务器能耗的估算和预测。

表 5-4               线性回归、R 模型和指数模型的方差和误差百分比

| 服务器 | 方差 | | | 误差百分比 | | |
|---|---|---|---|---|---|---|
| | R | EM | Re | R | EM | Re |
| HP ProLiant G5 | 1.539 6 | 1.55 | 1.132 5 | 0.011 2 | 0.011 3 | 0.012 |
| PowerEdge C5220 | 8.667 3 | 8.64 | 7.890 1 | 0.015 1 | 0.014 9 | 0.019 3 |
| IBM System x3650 M4 | 13.65 | 10.38 | 12.97 | 0.086 7 | 0.067 3 | 0.130 5 |

| 服务器 | 方差 | | | 误差百分比 | | |
|---|---|---|---|---|---|---|
| | R | EM | Re | R | EM | Re |
| IBM iDataPlex Server dx360 M4 | 25.84 | 18.51 | 25.75 | 0.089 5 | 0.066 6 | 0.142 7 |
| System x3250 M3 | 1.546 6 | 1.25 | 3.58 | 0.016 5 | 0.012 8 | 0.075 3 |

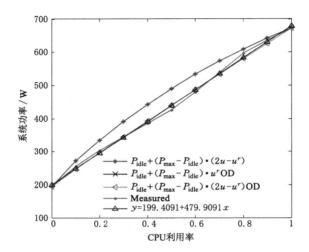

图 5-2　Hp ProLiant G5 几种模型的曲线拟合

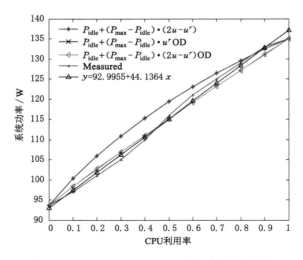

图 5-3　PowerEdge C5220 几种模型的曲线拟合

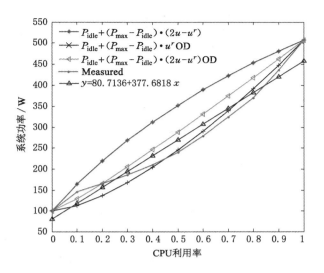

图 5-4　IBM iDataPlex Server dx360 M4 几种模型的曲线拟合

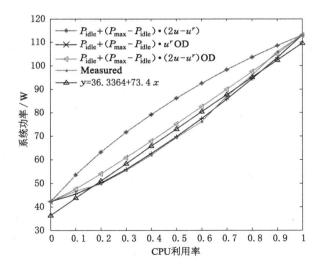

图 5-5　System x3250 M3 几种模型的曲线拟合

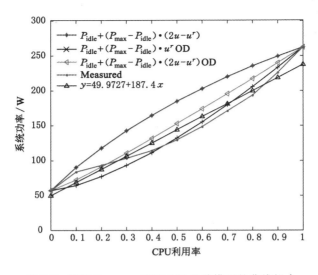

图 5-6　IBM System x3650 M4 几种模型的曲线拟合

## 5.4　资源管理体系结构与虚拟迁移模型

云计算的具体应用是建立在 IaaS 基础之上的,因此本章把 IaaS 作为研究的对象,假设数据中心有 $M$ 个物理节点,每个节点的性能用 CPU 处理能力的大小、RAM 的大小和网络带宽来衡量。CPU 的处理能力通过每秒处理的百万条指令数(Millions Instructions Per Second,MIPS)的多少来衡量;由于使用网络存储(Network-attached Storage,NAS)的体系结构存储资源,因此不考虑硬盘的大小。网络存储系统在多个计算机之间可以方便地共享文件,比传统的文件服务器可以获得更快的数据访问,并且管理更加容易,配置更加简单。因此,数据中心内的服务器没有硬盘,存储通过 NAS 来提供,便于虚拟机的实时迁移。用户请求资源的特征可以通过请求处理的 CPU 处理能力的(MIPS)大小、RAM 的大小、网络的带宽来表示。由于每个用户请求的资源要求不同,每个虚拟机的使用时间、负载及物理节点也会不同。图 5-7 描述了 IaaS 环境下资源管理体系结构图,其中多个独立的用户提交 $N$ 个异构的虚拟机请求,每个虚拟机有不同的 MIPS、RAM 和带宽。为了确保用户可靠地获取需要的服务质量,在云计算提供商和客户间应协商确定服务质量等级协议(Service Level Agreements,SLAs),SLAs 是关于网络服务供应商和客户间的一份合同,其中定义了服务类型、客户付款和服务质量等相关的内容。在运行期间,如果提供商违反了

SLAs,他应当给用户提供补偿;另外,系统应提供有效的能耗管理策略来优化能耗。在本章中,能耗和性能优化策略是通过软件来实现的,该软件包括局部管理和全局管理两方面。局部管理在每个节点上实现,用来监控节点的 CPU 使用情况和虚拟机的可用能力,根据每个虚拟机的使用情况,调整虚拟机、决定什么时候及哪个虚拟机应当被迁移出去。全局管理在主节点上实现,根据每个节点CPU 的使用情况,负责优化虚拟机的部署及决定何时开启或关闭一个物理节点。

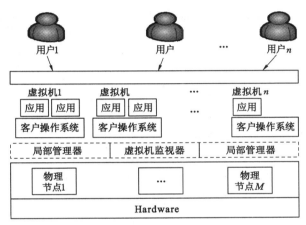

图 5-7　IaaS 环境下资源管理体系结构图

### 5.4.1　多核 CPU 结构

目前主流的物理服务器都是多核的 CPU 结构。如果两个虚拟机同时运行在一个物理服务器上,服务器 CPU 的利用率是两个虚拟机 CPU 利用率之和。内存的情况也是如此。例如,一个虚拟机的请求为(10%,20%),分别表示 CPU的利用率为物理机的 10%,内存为物理机的 20%;如果另一个虚拟机的请求为(7%,15%),那么根据两个虚拟机的请求情况,服务器提供的资源情况为(17%,35%)。为了预防 CPU 和内存的使用超出服务器的上限达到 100%,通常对每个服务器资源使用设置一个上限。其主要原因是,如果服务器的使用达到 100%,会导致服务性能下降,另外虚拟机实时迁移也会消耗一些资源。

### 5.4.2　虚拟机实时迁移模型

数据中心能量消耗高的主要原因,不仅仅是因为存在大量的计算资源和低效的硬件设施,资源使用效率较低也是主要原因之一。数据中心节能主要来自于下列两个方面:① 硬件设施方面,也就是设计高效的服务器和数据中心基础设施;② 软件方面,也就是通过资源管理实现能耗的优化。本章主要研究实现节能和性能优化的软件方法,考虑两种独立的技术:其一是负载动态分配,即动态地在服务器间迁移虚拟机;其二是服务器动态提供,即在动态地满足用户的服务质量要求的前提下开启最小数量的服务器。

本章的虚拟机动态整合方法受益于从网络服务器上收集到的真实数据集的启示。在 6 个月的时间里,超过 5 000 台的服务器使用情况显示,尽管服务器没有空闲,但是服务器的利用率很少能达到 100% 的利用率,大多数服务器的利用率仅仅为 10%～50%,导致过度地提供资源而产生额外的能耗[194],另外服务器的功率动态范围很窄,即使服务器完全空闲,服务器的功率也仍然为峰值功率的 70%[195]。因此,保持服务器低利用率,从节能方面衡量是非常低效的。另外,de M. D. Assuncao 等[196]通过监视 Grid'5000 基础设施研究发现,通过关闭多余的服务器,可以节省巨大的能量消耗。

由于服务器的利用率通常很低且负载变化大,例如,登录 Windows Live Messenger 的用户一天内的波动达到峰值时的 40%[197];因此,根据各个节点当前的资源使用情况,通过实时迁移虚拟机,动态地调整虚拟机,进而把空闲的物理机器转换到睡眠模式或关闭掉,可以实现最小化物理节点,从而优化能耗,同时也说明资源的调度优化在云计算中非常重要。

虚拟机实时迁移是指将虚拟机在不中断其运行的前提下从一个物理机拷贝到另一个物理机的过程[198]。如今在很多场景下,虚拟机实时迁移已经是一个非常有用的工具。文献[199-201]已经证实可以通过虚拟机实时迁移来调整虚拟机,有选择地关闭轻载的服务器来减少数据中心的能耗,从而可以优化服务器的能耗,但同时也会导致运行其上的虚拟机的性能降低和能耗增加。例如文献[202]已经表明了在虚拟机迁移期间 Apache Web Server 的传输率降低了 12% 到 20%,同时功率增加了 10 W[203]。下面研究虚拟机实时迁移的模型。

(1)总的迁移时间

许多研究都已表明:除了在目的服务器预留固定资源作为开销以便容纳新的虚拟机外,总的迁移时间与服务器的性能没有关系,但总的迁移时间 $T_{mig}$ 高度依赖于虚拟机使用的内存 $V_{mig}$ 和两个服务器之间的网络带宽 $B_w$;总的迁移时间和 $V_{mig}$ 呈正比关系,和 $B_w$ 呈反比关系,具体如下式所示:

$$T_{mig} = \frac{V_{mig}}{B_w} \tag{5-10}$$

(2)性能降低

文献[202]证实了在虚拟机迁移期间 Web Server 传输率降低了 12% 到

20%；文献[204]也表明，平均的性能降低近似为 CPU 利用率的 10%，因此，本章将性能降低定义为：

$$P_{d_{mig_j}} = \partial \cdot S_j \tag{5-11}$$

式中，$P_{d_{mig_j}}$ 为虚机 $j$ 总的性能降低情况；$S_j$ 是虚拟机 $j$ 的 CPU 利用率；$\partial$ 是经验系数，可以通过训练来获得。

（3）实时迁移的能量消耗

文献研究证实虚拟机实时迁移导致源服务器与目的服务器功率的增加，但是对目的服务器的影响相对较小，服务器功率增加大约 10 W。此外，迁移的时间不受虚拟机使用资源的影响，因此实时迁移能耗可以表示为：

$$E_{mig_j} = \int_{t_0}^{t_0+T_{mig_j}} (1+\delta) \cdot P_{s_j}(t)\mathrm{d}t + \int_{t_0}^{t_0+T_{mig_j}} (1+\lambda) \cdot P_{d_j}(t)\mathrm{d}t \tag{5-12}$$

式中，$E_{mig_j}$ 是虚拟机迁移期间的能耗；$t_0$ 是虚拟机开始迁移的时间；$T_{mig_j}$ 是虚拟机的迁移时间；$P_{s_j}$ 是源服务器的功率；$P_{d_j}$ 是目的服务器的功率；$\delta$ 和 $\lambda$ 是服务器功率的增加比例。根据以上分析，总的能耗可以表示为：

$$E = E_{mig_j} + \int_{t_{st}}^{t_0} P_{sb_j}(t)\mathrm{d}t + \int_{t_0+T_{mig_j}}^{t_{sh}} P_{sa_j}(t)\mathrm{d}t + \int_{t_{st}}^{t_0} P_{db_j}(t)\mathrm{d}t + \int_{t_0+T_{mig_j}}^{t_{sh}} P_{da_j}(t)\mathrm{d}t \tag{5-13}$$

式中，$t_{st}$ 和 $t_{sh}$ 分别是服务器的开启时间和关闭时间；$P_{sb}$ 和 $P_{sa}$ 是源服务器迁移前后的功率；$P_{db}$ 和 $P_{da}$ 是目的服务器迁移前后的功率。

（4）实时迁移的性能标准

云计算目前是根据用户使用的资源来收取使用费的，因此云计算提供商应当满足用户的服务质量要求。服务器的服务质量通常被表示为服务等级协议，可以用部署系统的最小化服务时间、最大化吞吐量等来衡量。由于这些参数特征对不同的应用会有所变化，因此，确保应用的性能独立于负载变化或虚拟机调整的影响就显得非常重要。据此，利用两个适用于任何基础设施即应用环境的度量标准，来衡量服务等级协议。第一个标准为性能违反百分比（Performance Violation Percentage，PVP）：

$$PVP = \frac{1}{M} \sum_{i=1}^{M} \frac{T_{v_i}}{T_{a_i}} \times 100\% \tag{5-14}$$

式中，$M$ 是 IaaS 中的物理节点数；$T_{v_i}$ 是物理节点 $i$ 经历 100%使用且导致了 SLA 违反的发生时间；$T_{a_i}$ 是物理节点 $i$ 整个的活动时间。第二个是性能下降百分比（Performance Degradation Percentage，PDP）：

$$PDP = \frac{1}{N} \sum_{j=1}^{N} \frac{P_{d_{mig_j}}}{P_{r_j}} \times 100\% \tag{5-15}$$

式中，$N$ 是虚拟机的总数；$P_{d_{mig_j}}$ 是由于虚拟机的迁移导致虚拟机 $j$ 性能降低的大小；$P_{r_j}$ 是虚拟机在整个的生命期间申请的处理能力的大小。PVP 和 PDP 是两个独立的且同等重要的性能指标，据此给出了一个联合的性能指标（SLA Violation，SLAV）：

$$SLAV = PVP \cdot PDP \qquad\qquad (5-16)$$

该指标能充分地反映由于主机的过载及虚拟机迁移导致的性能降低情况。

## 5.5 能耗和性能感知的虚拟机调整方法

事实上，不管在云计算环境还是其他各种的应用环境中，服务器的利用率通常低于 50%，这就是虚拟机调整的事实基础，通过动态优化虚拟机，关闭冗余的服务器就可以达到节能的目的。

能耗和性能感知的虚拟机整合问题可以分解为如下的三个子问题：① 决定什么时间应当将一个或多个虚拟机从过载或轻载的服务器中迁移出去，以便在过载的情况下通过迁移虚拟机来提高性能，在轻载的情况下通过迁移虚拟机来实现节能；② 决定应当将哪些虚拟机从过载或轻载的服务器中迁移出去；③ 决定将虚拟机迁移到哪里去。下面分别详细地讨论这三个问题。

### 5.5.1 过载和轻载检测方法

文献[193]提出基于利用率门限的启发式算法来决定虚拟机迁移时机。其主要思想是设定主机 CPU 利用率的上、下门限，所有的虚拟机在主机上运行，使其 CPU 的利用率始终保持在上、下门限值之间。如果 CPU 利用率超过上门限，一个或多个虚拟机必须从主机上迁移出去，以减少主机的 CPU 利用率，进而保持一定的服务器性能；如果 CPU 的利用率低于下门限，主机上所有虚拟机都要迁移出去，并使主机关闭或转到睡眠模式，以实现节能。这种基于固定利用率门限的方法较为简单，但不适合于负载动态变化的环境，在这种环境中上、下门限的设定值应当动态地调整，而不是取固定值。为了适应动态变化的负载环境，本书使用了基于历史数据分析的门限值自动调整方法。

（1）过载检查方法

自动调整利用率门限的方法有很多，其中有中位数绝对偏差法（Median Absolute Deviation）、四分位距法（Interquartile Range）、局部回归分析（Local Regression）和强局部加权回归分析（Robust Local Regression）等等。文献[204]比较了以上四种自动调整门限的方法，并通过实验发现局部回归分析法的效果较好，因此在本章中也应用局部回归分析法来动态地调整门限的上限值。

Cleveland 提出的局部回归分析法[205]，主要思想是利用已有的当前局部子集的数据建立一个直线方程：

$$\hat{g}(x) = \hat{a} + \hat{b}x \qquad (5\text{-}17)$$

并使直线拟合于原始数据构成的直线，其中 $\hat{b}$ 表述斜率，$\hat{a}$ 表述截距，进而根据该方程即式(5-17)来估计下一时刻主机 CPU 的利用率数据的值 $\hat{g}(x_{k+1})$，以确定主机是否过载，在必要时把一些虚拟机迁移出去，具体的调节判据为：

$$s \cdot \hat{g}(x_{k+1}) \geqslant 1, x_{k+1} - x_k < t_m \qquad (5\text{-}18)$$

式中，$s \in R^+$ 是安全系数，调整过载的大小；$x_k$ 是最后观察到的主机 CPU 的利用率的时刻；$t_m$ 是过载的主机里面需要迁移的虚拟机中迁移时间最大的那个虚拟机的迁移时间。在本章中安全系数 $s$ 设定为 1.2，系数 $a, b$ 可以利用最小二乘法来获得。

$$\sum_{i}^{k} w_i(x) (y_i - a - bx_i)^2 \qquad (5\text{-}19)$$

$x_i$ 满足 $x_1 \leqslant x_i \leqslant x_k$，$\Delta_i(x_k) = x_k - x_i$ 和 $0 \leqslant \dfrac{\Delta_i(x_k)}{\Delta_1(x_k)} \leqslant 1$，其中的权重系数 $w_i(x)$，也称为权重函数，一般选取立方函数如下：

$$w(x) = \begin{cases} (1 - |x|^3)^3 & |x| < 1 \\ 0 & \text{其他情况} \end{cases} \qquad (5\text{-}20)$$

因此，立方表示式可以简单地表示为：

$$w_i(x) = w\left(\frac{\Delta_i(x_k)}{\Delta_1(x_k)}\right) = \left(1 - \left(\frac{x_k - x_i}{x_k - x_1}\right)^3\right)^3 \qquad (5\text{-}21)$$

于是根据式(5-19)和式(5-21)，令 $M = \sum_{i}^{k} w_i(x)(y_i - a - bx_i)^2$，可得如下方程组：

$$\begin{cases} \dfrac{\partial M}{\partial a} = -2 \sum_{i}^{k} w_i(x)(y_i - a - bx_i) \\ \qquad = -2 \sum_{i}^{k} \left(1 - \left(\dfrac{x_k - x_i}{x_k - x_1}\right)^3\right)^3 (y_i - a - bx_i) = 0 \\ \dfrac{\partial M}{\partial b} = -2x_i \sum_{i}^{k} w_i(x)(y_i - a - bx_i) \\ \qquad = -2x_i \sum_{i}^{k} \left(1 - \left(\dfrac{x_k - x_i}{x_k - x_1}\right)^3\right)^3 (y_i - a - bx_i) = 0 \end{cases} \qquad (5\text{-}22)$$

解以上方程组可得系数 $a$ 和 $b$。

（2）轻载检查方法

本章提出了以下几种自适应的轻载检查方法：

① CPU 均值法（Arithmetic Mean，AM）和 CPU 最小利用率法（Minimal Utilization of Host，MU）

算术均值简称为均值，是全体 $x_1, x_2, \cdots, x_n$ 样本总和除以样本的个数 $n$，即为：

$$\bar{x} = \frac{x_1 + x_2 + \cdots + x_n}{n} \tag{5-23}$$

利用该方法决定一个主机是否轻载，如果轻载，一些或全部虚拟机都要迁移出去，其判据是如下不等式成立：

$$h \in H_i \mid \forall a \in H_i, H_u(h) \leqslant H_u(a) \quad 且 \quad H_u(h) < s \cdot AM \tag{5-24}$$

式中，$i$ 为一个物理节点；$H_u(h)$ 是当前的主机 $h$ 的 CPU 利用率；$H_u(a)$ 是主机 $a$ 的 CPU 利用率；$s \in R^+$ 为安全系数，可以通过训练获得。

如果把不等式（5-24）改为如下不等式：

$$h \in H_i \mid \forall a \in H_i, H_u(h) \leqslant H_u(a) \tag{5-25}$$

则均值法就变为最小 CPU 利用率法。

② 第一四分位数法

在统计学中，可以利用 3 个点将一个有序数据集分为 4 组，每组包含整个数据集的四分之一数据。第一四分位数（First quartile，$Q_1$）将数据集分为低的 25％ 部分和高的 75％ 部分；第二四分位数（second quartile，$Q_2$）等于中值（median），也就是 50％，把数据集分成两部分；第三四分位数（third quartile，$Q_3$）把数据集分为低的 75％ 和高的 25％ 两部分。由于在本问题中用于判断主机是否轻载，所以选择第一四分位数作为判据。

第一四分位数的值的计算方法如下：

$Q_1$ 的位置 $= N/4 = n.m$

$Q_1 = Q_n + (Q_{n+1} - Q_n) \times m\%$

例如：有序数据集：6，7，15，36，39，40，41，42，43，47，49

$Q_1$ 位置 $= N/4 = n.m = 11/4 = 2.75$

$Q_1 = Q_n + (Q_{n+1} - Q_n) \times m\% = 7 + (15 - 7) \times 75\% = 13$

### 5.5.2 虚拟机选择方法

完成过载检测后，应将过载主机上的一部分虚拟机迁移出去。关键的问题是选择哪些虚拟机进行迁移，使系统不但保持较高的性能，又能实现较低的能耗。本书采用的方法是：对所有主机循环运用过载检测方法，确定主机是否过载,若过载进而运用虚拟机选择策略选择虚拟机进行迁移,直到主机不再过载。

(1) 最小迁移时间方法(Minimum Migration Time,MMT)

在前面已经介绍过虚拟机迁移期间,不但服务器性能会下降,服务器能耗也会上升。对此,本书设计了最小迁移时间方法,以尽可能地降低对性能和能耗的影响。最小迁移时间方法是:在过载主机的所有虚拟机中首先选择迁移时间最小的虚拟机,迁移时间可以近似为虚拟机使用的 RAM 容量除以主机可用的网络带宽,这样定义的原因是虚拟机迁移主要是将源虚拟机运行期间各个设备的状态数据传输到目的主机[206]。假如 $V_j$ 为主机 $j$ 所有的虚拟机的集合,最小化迁移时间方法可表示为:

$$v \in V_j \mid \forall a \in V_j, \frac{RAM_u(v)}{NET_j} \leqslant \frac{RAM_u(a)}{NET_j} \qquad (5\text{-}26)$$

式中,$RAM_u(v)$ 是要迁移的虚拟机 $v$ 当前使用的 RAM 量;$NET_j$ 是主机 $j$ 当前可用的网络带宽。

(2) 最大 CPU 利用率方法(Maximum CPU Utilization,MAU)和最小 CPU 利用率方法(Minimum CPU Utilization,MCU)

在主机过载的情况下,通过虚拟机的迁移,可使主机不再过载,同时获得更好的性能。这样在选择要迁移的虚拟机时,可以选择对主机 CPU 利用率大的虚拟机,以便更快地使主机不再过载,也可以选择 CPU 利用率最小的虚拟机,以使系统的能耗最优。最大 CPU 利用率方法是:在过载主机的所有虚拟机中首先选择 CPU 利用率最大的虚拟机进行迁移,假如 $V_j$ 为主机 $j$ 所有的虚拟机的集合。最大 CPU 利用率方法可表示为:

$$v \in V_j \mid \forall b \in V_j, CPU_u(v) \geqslant CPU_u(b) \qquad (5\text{-}27)$$

$CPU_u(v)$ 为要迁移虚拟机 $v$ 的当前 CPU 利用率。同理,最小化 CPU 利用率方法可表示为:

$$v \in V_j \mid \forall b \in V_j, CPU_u(v) \leqslant CPU_u(b) \qquad (5\text{-}28)$$

### 5.5.3 虚拟机部署方法

虚拟机部署问题是指如何将来自于过载主机和轻载主机的虚拟机部署到其他主机并使其不超载,以优化系统的性能和能耗。虚拟机部署问题是 NP 问题,这一问题可以看作一个二维装箱问题,箱子有可变的长和宽,这里箱子代表物理节点,物品是所有待部署的虚拟机。箱子的宽表示节点的 RAM 容量:$wr$;箱子的高表示节点的 CPU 处理能力:$hc$。一个集合 $V = \{v_1, v_2, \cdots, v_n\}$ 为待分配虚拟机的集合,其每个元素为一个虚拟机 $v_i = \{wr_i, hc_i\}$,$wr_i$ 为虚拟机的 RAM 容量,$hc_i$ 为虚拟机需要的处理能力。目标主机的集合为 $H = \{h_1, h_2, \cdots,$

$h_m\}$,其中的每个元素为:$h_j = \{Wr_j,\ Hc_j\}$,$Wr_j$为主机的处理能力,$Hc_j$为主机的 RAM。最优化目标是寻找 $H$ 的一个子集:

$$H' = \{h_1',h_2',\cdots,h_{|H'|}'\} \subset H, h_j' = \{Wr_j',Hc_j'\} \tag{5-29}$$

并建立一个映射 $f:V \to H'$ 且使得

$$\min|E| \tag{5-30}$$

约束条件为:

$$\sum_{v_i \to h_j'} hc_i \leqslant Hc_j';$$

$$\sum_{v_i \to h_j'} wr_i \leqslant Wr_j$$

式中,$E$ 表示整个系统的能耗。

由于虚拟机的部署是 NP 问题,运用贪婪算法可以快速地得到准最优解。本章提出了能耗感知的最佳适应算法(Power Aware Best Fit,PABF),算法的大致内容为:首先获得所有目标主机的信息,然后分配一个虚拟机到一个主机使其能耗最小,这样可以利用异构的节点选择最有效的节点为首选节点,算法的详细内容见图 5-8。输入数据的规模是 $n$ 个主机,其执行时间是一个 for 循环嵌套,外层的最大循环次数为 $n$,内层最大循环次数为 $m$,所以算法的时间复杂度为 $O(n*m)$,其中 $n$ 为主机数,$m$ 为要分配的虚拟机数。同样最佳适应递减算法(Best Fit Decreasing,BFD)、首次适应递减算法(First Fit Decreasing,FFD)和首次适应算法(First Fit,FF)等类似算法,也可用于获得准最优解。

### 5.5.4　能耗和性能感知的综合优化方法

一种虚拟机部署优化方法如图 5-9 所示,主要目标是优化性能和能耗,其具体思路和实现过程为:首先,运用主机过载检查方法以确定主机是否过载,如果主机过载,使用虚拟机选择方法选择一个合适的虚拟机加入到等待部署虚拟机的队列里面,以便重新对虚拟机进行调度分配,该过程重复进行直到主机不再过载;一旦主机过载检测完成,便形成了待部署虚拟机的完整队列,运用 PABF 优化方法完成虚拟机的重新调度和部署。然后运用轻载检查方法判定主机是否轻载,如果轻载,同样运用 PABF 方法完成轻载主机上的虚拟机的重新调度和部署,如果某个主机为空闲,即没有任何虚拟机在其上运行,则将该主机关闭或转换到睡眠模式。与此同时,将新到来的用户申请的虚拟机也加入到等待部署虚拟机的队列中,同样运用 PABF 优化方法完成虚拟机部署。在调度与部署期间,如果现有的主机能满足要求,就在现有的主机上完成部署与调度,如果现有的主机不能满足用户的服务质量要求,就需要开启新的主机;同时,根据系统当

1. 输入：hostList，vmList　　输出：vmMappingHost
2. 将 vmMappingHost 赋值为空
3. for 虚拟机 vmList 中的虚拟机 do
4. 将一个正的无穷大值赋给 minPower
5. 　for 主机 hostList 中的主机 do
6. 　　if 一个主机有足够的资源可以提供给虚拟机 then
7. 　　　将 computing（host，VM)计算得到的能耗赋给 Power
8. 　　　if power 小于 minPower then
9. 　　　　　把主机添加到 vmMappingHost 里面
10. 　　　　　把 power 赋给 minPower
11. 　　　end
12. 　　else
13. 　　　　setUpNew(host)
14. 　　　　addHost(host，host_list)
15. 　　end
16. 　end
17. 　if vmMappingHost 不等于 NULL then
18. 　　map. add( vm，vmMappingHost)
19. 　end
20. end
21. 返回 vmMappingHost

图 5-8　能耗感知的最佳适应算法

1. 输入：hostList　　输出：虚拟机到主机的映射 vmMappingHos
2. for 主机列表中 hostList 主机 do
3. while hostOverlaoded（host）do
4. 　vmsToMigrate. add（使用过载检测方法选择一个虚拟机）
5. 　end
6. end
7. PABF（host，vmsToMigrateList)
8. vmsToMigrateList. clear（all）;
9. for 主机列表中 hostList 主机 do
10. 　If　主机轻载 then
11. 　vmsToMigrate. add（通过轻载检查方法选择一个虚拟机）
12. end
13. end
14. PABF(host，vmsToMigrateList)
15. vmsToMigrateList. clear(all)
16. if 主机为空 then
17. 　　关闭主机或转换为睡眠模式
18. end
19. 返回 vmMappingHos

图 5-9　能耗和性能感知的综合优化方法

前的资源使用情况动态地开启或关闭各个虚拟机和主机。输入数据的规模是 $n$，执行时间为一个 for 循环、一个 PABF 算法的时间 $(n*m)$、一个 for 循环嵌套一个 PABF 算法的时间之和，所以在最坏的情况下，算法的时间复杂度为：$O(n+n*m+ m*n^2)$。

# 5.6　能耗性能评估

### 5.6.1　模拟环境的搭建

为了研究并优化云计算的性能和能耗，需要研究各种各样的负载模型以及资源提供策略、资源部署策略、资源调度策略等。而评估这些策略需要一个可控、可变、可重复且用户需求可配置的系统环境。在真实的系统里面，要满足上述环境要求非常困难。一方面云计算中资源量巨大，另一方面用户被按使用的资源量和性能收费。为了克服这些困难和挑战，并确保可以多次地重复实验，以验证以上模型、策略和算法，云计算仿真软件已经被用于对云计算性能和能耗进行评估。

澳大利亚墨尔本大学的云计算实验室已经开发了云计算仿真平台 CloudSim Toolkit，并把它作为开源软件对外发布。目前许多公司和科研单位均使用该仿真平台进行仿真实验，如惠普实验室的研究人员使用 CloudSim 验证惠普数据中心的资源分配算法；美国杜克大学的研究人员运用 CloudSim 研究数据中心的节能问题；中国国家智能计算机研究中心使用 CloudSim 研究了面向管理的服务等级协议优化问题；韩国国民大学（Kookmin University Seoul，Korea）运用 CloudSim 研究了云计算环境下工作流的调度问题。因此本书使用 CloudSim 3.02 进行仿真实验，检验资源管理策略、方法和虚拟机优化部署算法[①]。

另外，为了更好地评估和优化性能能耗，从标准性能评估公司 Standard Performance Evaluation Corporation[②] 主页上获取了三种主流服务器的性能参数和能耗参数（随 CPU 利用率变化）作为仿真实验的依据，具体参见表 5-5 和表 5-1。

---

① http://cloudbus.org/cloudsim/。

② http://www.spec.org/power_ssj2008/results/。

**表 5-5**　　　　　　　　　　　服务器的性能参数表

| 服务器<br>厂商 | 服务器类型 | CPU 描述 | 频率<br>/MHz | 核 | 总的内存<br>/GB | 服务器的 CPU 到<br>MIPS 的映射<br>/MHz |
|---|---|---|---|---|---|---|
| 惠普 | ProLiant ML110 G4 | Intel Xeon Processor 3040 | 1 860 | 2 | 4 | 1 860 |
| 惠普 | ProLiant ML110 G5 | Intel Xeon Processor 3075 | 2 660 | 2 | 4 | 2 600 |
| IBM | IBM System x3650 M4 | Intel Xeon E5-2660 | 2 200 | 16 | 24 | 2 200 |

实验中选用的虚拟机类型,其特征和参数相当于亚马逊 EC2(Elastic Compute Cloud)类型的实例。在实验中具体使用了 EC2 里的 M1 家庭类型的虚拟机实例[①],此种类型的实例提供了性能均衡的计算能力、存储能力和网络通信能力,对于许多应用来说都是很好的选择,具体虚拟机的参数配置列在表 5-6 里。初始化时,根据用户请求的资源需求分配虚拟机类型,然后,在整个系统运行期间,会根据负载的变化,动态地调整虚拟机的部署。

**表 5-6**　　　　　　　　　　　虚拟机类型及参数配置

| 实例类型 | vCPU | 内存/GiB | 虚拟机的 CPU 到 MIPS 的映射 |
|---|---|---|---|
| m1. small | 1 | 1.7 | 500 |
| m1. medium | 1 | 3.75 | 1 000 |
| m1. large | 2 | 7.5 | 1 500 |
| m1. xlarge | 4 | 15 | 2 000 |

## 5.6.2　性能评价标准

本书对过载检测方法(Lr)、三种轻载检查方法(mu,am,$Q_1$)、三种虚拟机选择方法(mmt,mcu,nau)和四种虚拟机部署算法(pabfd,pabf,paffd,paff)的组合分别进行了研究。为了评估和比较每种组合的性能,对每种组合均使用了同样的测试数据和评价指标。其中的一个指标是总的能耗,它代表整个数据中心物理服务器的能耗。另外用来衡量性能的指标是在 5.4.2 节中介绍过的 SLAV、PDP 和 PVP;PVP 表示整个系统中用户的服务请求在所申请的时间内不能得到满足的百分比,如果为 1%表示有百分之一的时间服务得不到满足;PDP 表示虚拟机迁移期间性能下降的百分比;SLAV 表示上述两个指标的乘积,以便更好

---

① http://aws.amazon.com/cn/ec2/instance－types/。

地来表示服务质量的性能指标。其余的指标是在整个系统的运行过程中,通过运行系统管理优化策略后,虚拟机的迁移数(Virtual Machine number,VN)和主机的关闭数(Host Number,HN)。在上述指标参数中,能耗和性能是两个主要的参数,但是能耗和性能之间存在负相关关系,也就是说 SLAV 的降低通常会导致能耗的增加,相反,能耗的降低也会导致 SLAV 的上升。系统优化的主要目标是系统的能耗和性能,因此,本书提出了能耗和性能相结合的度量标准,定义为能耗性能违反(Energy Consumption and SLA Violation,ESLAV)如下式:

$$ESLAV = E \cdot SLAV \tag{5-31}$$

为了更好地测试各种方法、算法,本书使用了两类测试数据:一类是随机数据,另一类是真实的数据。首先,使用随机的测试数据评估上节列出的一些算法的组合,并从中发现较好的方法组合,然后,使用真实数据再来验证和比较这些较好的算法。真实的数据来自于开放的平台 PlanetLab[①],这些关于 CPU 利用率的数据采集自世界各地 500 个位置,超过 1 000 多个虚拟机和 800 台服务器使用情况的数据记录。

### 5.6.3 仿真结果及分析

文献[204]研究证实,主机过载方法 Lr 与轻载检查方法 mu 的结合在关于性能和能耗的优化中表现最好,因此本节首先采用 Lr_mu 联合方法对虚拟机选择方法与虚拟机部署方法进行测试,以便发现更好的方法组合。

首先测试虚拟机部署方法和虚拟机选择方法,测试对象除了前面提出的几种虚拟机部署、选择方法之外,还包括用做比较对象的无能耗感知法(No Power Aware,NPA)和动态电压频率缩放法(Dynamic Voltage and Frequency Scaling,DVFS)。NPA 方法的要点是:没有运用任何的能耗感知的优化方法,消耗最大的能耗;DVFS 的主要思想是:CPU 的能耗和性能随其工作电压而变化,针对不同类型、不同要求的任务为 CPU 设置相应的工作电压,便可在满足性能要求的同时降低系统能耗。在测试中,为了更好地观察虚拟机的动态调整,将虚拟机个数和服务器个数同时设置为 100。首先,使用随机的测试数据进行测试,测试结果如表 5-7 所示,从中可以看出:① DVFS 算法的能耗明显低于 NPA 的能耗;② 动态虚拟机调整算法的能耗显著地低于 DVFS 算法;③ Lr_mu _mmt_pabf 算法(表示过载检测方法采用局部回归分析法 Lr、轻载检测方法采用最小 CPU 利用率法 mu、虚拟机选择采用最小迁移时间方法 mmt 和能量感知

---

① http://www.planet-lab.org/。

的最佳适应算法 pabf,以下各种方法和算法的组合意义同此解释)和 Lr_mu_
mau_pabfd 算法综合的性能优于 Lr_mu_mmt_pabfd 算法。分析原因是:DVFS
方法可以根据负载实时地调节服务器的频率,使服务器在负载高的时候处于较
高的能耗状态,负载较低时转换到能耗较低的状态;而 NPA 不考虑负载的变
化,服务器始终处于高耗能状态,所以 DVFS 的能耗低于 NPA。而虚拟机动态
调整的方法根据负载的变化调整虚拟机的部署,关闭空闲的服务器,所以服务器
能耗低于 DVFS。

**表 5-7　　pabfd,pabf,paff,paffd,mcu 和 mau 算法组合的仿真结果**

| 方法 | 能耗/kW·h | VN | SLAV | PDP | PVP | HN | ESLAV |
|---|---|---|---|---|---|---|---|
| NPA | 77.75 | 0 | 0 | 0 | 0 | 56 | 0 |
| DVFS | 14.14 | 0 | 0 | 0 | 0 | 56 | 0 |
| Lr_mu_mmt_pabfd | 4.99 | 340 | 0.114 02% | 0.30% | 37.84% | 120 | 0.005 69 |
| Lr_mu_mmt _pabf | 4.89 | 279 | 0.080 31% | 0.26% | 31.34% | 111 | 0.003 927 |
| Lr_mu_mmt _paff | 4.35 | 363 | 0.203 69% | 0.42% | 48.49% | 108 | 0.008 861 |
| Lr_mu_mmt_paffd | 4.21 | 316 | 0.161 01% | 0.35% | 46.60% | 108 | 0.006 779 |
| Lr_mu_mcu_pabfd | 4.72 | 285 | 0.139 08% | 0.34% | 40.78% | 81 | 0.006 565 |
| Lr_mu_mau_pabfd | 4.84 | 257 | 0.094 30% | 0.28% | 32.23% | 102 | 0.004 564 |

表 5-7 的结果显示,使用虚拟机选择算法 mau 和虚拟机部署算法 pabf 可以
获得较好的结果。下面在确定使用过载检测方法 Lr、虚拟机选择方法 mau 和
mmt、虚拟机部署算法 pabf 和 pabfd 的情况下,对主机轻载检测方法进行评估。
轻载检测方法 am 及结合其他方法的仿真结果如表 5-8 和图 5-10、图 5-11、图
5-12 所示。

**表 5-8　　　　　　轻载检测方法 am 及结合其他方法的仿真结果**

| 方法 | 能耗/kW·h | VN | SLAV | PDP | PVP | HN | ESLAV |
|---|---|---|---|---|---|---|---|
| Lr_am_mmt_pabf | 4.65 | 264 | 0.132 75% | 0.26% | 50.56% | 107 | 0.003 056 |
| Lr_am_mau_pabf | 4.52 | 226 | 0.143 57% | 0.27% | 52.57% | 97 | 0.006 |
| Lr_am_mmt_pabfd | 5.08 | 307 | 0.106 47% | 0.32% | 33.43% | 118 | 0.007 293 |
| Lr_am_mau_pabfd | 4.85 | 229 | 0.077 43% | 0.26% | 29.45% | 96 | 0.005 164 |
| Lr_0.8am_mmt_pabf | 4.85 | 229 | 0.065 71% | 0.23% | 28.76% | 96 | 0.003 187 |

| 方法 | 能耗/kW·h | VN | SLAV | PDP | PVP | HN | ESLAV |
|---|---|---|---|---|---|---|---|
| Lr_0.8am_mau_pabf | 4.86 | 232 | 0.067 19% | 0.23% | 28.76% | 96 | 0.003 265 |
| Lr_0.8am_mmt_pabfd | 4.87 | 225 | 0.060 55% | 0.23% | 26.90% | 96 | 0.002 949 |
| Lr_0.8am_mau_pabfd | 4.84 | 224 | 0.070 78% | 0.24% | 29.35% | 96 | 0.003 426 |
| Lr_0.9am_mmt_pabf | 4.76 | 249 | 0.073 93% | 0.22% | 33.02% | 96 | 0.003 519 |
| Lr_0.9am_mau_pabf | 4.53 | 233 | 0.116 17% | 0.25% | 46.16% | 97 | 0.005 263 |
| Lr_0.9am_mmt_pabfd | 4.75 | 280 | 0.118 81% | 0.25% | 46.74% | 109 | 0.005 643 |
| Lr_0.9am_mau_pabfd | 4.53 | 233 | 0.116 17% | 0.25% | 46.16% | 97 | 0.005 263 |

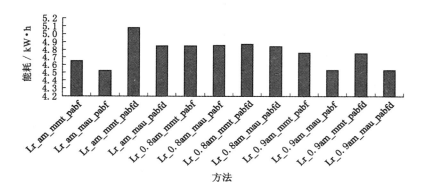

图 5-10  轻载检测方法 am 及结合其他方法对能耗的影响

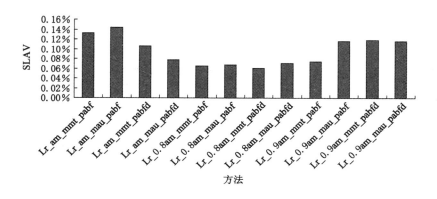

图 5-11  轻载检测方法 am 及结合其他方法对 SLAV 影响

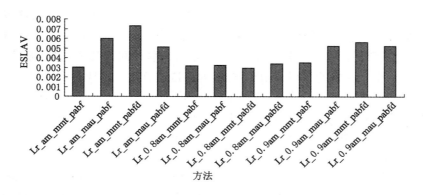

图 5-12　轻载检测方法 am 及结合其他方法对 ESLAV 影响

　　根据表 5-8,及图 5-10、图 5-11 和图 5-12 可以发现,轻载检查方法 am 在安全系数为 0.8 时的综合指标 ESLAV 要比 am 的安全系数为 0.9 或 1.0 时低。此外,大量的仿真结果表明,在所有的轻载检测方法(am,$Q_1$,mu)中,当安全系数为 0.8 时,am 方法的性能最好。因此在随后的实验中,使用过载检测算法 Lr,轻载检测算法 0.8am,虚拟机选择算法 mau、mmt 和虚拟机部署算法 pabfd, pabf 进行了组合算法的性能测试,其结果如表 5-9 所示。

**表 5-9　　　　　　　pabfd,pabf,mmt 和 mau 算法组合的仿真结果**

| 方法 | 能耗/kW·h | VN | SLAV | PDP | PVP | HN | ESLAV |
|---|---|---|---|---|---|---|---|
| Lr_mu_mmt_pabfd | 4.99 | 340 | 0.114 02% | 0.30% | 37.84% | 120 | 0.005 69 |
| Lr_0.8am_mmt_pabf | 4.85 | 229 | 0.065 71% | 0.23% | 28.76% | 96 | 0.003 187 |
| Lr_0.8am_mau_pabf | 4.86 | 232 | 0.067 19% | 0.23% | 28.76% | 96 | 0.003 265 |
| Lr_0.8am_mmt_pabfd | 4.87 | 225 | 0.060 55% | 0.23% | 26.90% | 96 | 0.002 949 |
| Lr_0.8am_mau_pabfd | 4.84 | 224 | 0.070 78% | 0.24% | 29.35% | 96 | 0.003 426 |

　　从表 5-9 可以发现,0.8am 方法和 Lr 方法结合 mmt、pabf、mau 和 pabfd 方法的仿真结果优于 Lr_mu_mmt_pabfd 方法的组合。分析其原因,主要是 mu 方法从所有的主机中选择一个利用率最低的主机,并试图尽量将此主机的虚拟机全部迁移到其他的主机上面,且使其他主机不能超载,如果能完成全部迁移即关闭此主机。而 0.8am 方法在选择主机时,不但要求其利用率最低且利用率要小于 0.8am,这样当所有主机的负载都比较高时,如大于 0.8am 时,所有的主机都不需要再进行虚拟机的迁移了。至于当主机利用率较高时,其一是主机上运行

的虚拟机的利用率可能很高,其二是主机上的虚拟机数量可能相对比较多;此时,如果再对主机进行迁移,可能带来下列问题:其一需要迁移出去的虚拟机会很多,其二迁移时间会相对较长,所以就会导致迁移期间能耗的增加,服务性能下降;另外,由于主机的利用率相对较高,如果这时负载又出现了急剧的变化,就更容易导致主机的超载,进而导致服务性能的下降。而使用 0.8am 方法就可以避免当主机的利用率高于 0.8am 时仍进行不适当的虚拟机迁移,从而避免了以上的问题。此外,在所有的算法中,Lr_0.8am_mmt_pabfd 算法的综合性能指标 ESLVA 为最优。

以上的研究结果表明,0.8am 方法、Lr 方法、mmt 方法、pabfF 方法、mau 方法和 pabfd 方法的结合可以获得较好的结果;但以上这些测试是使用随机数据的测试结果,在真实的环境下会如何呢?本书在此基础上,使用真实数据对以上方法组合进行了测试,测试结果如表 5-10 所示。

表 5-10　　　　　　　　pabfd、pabf、mmt 和 mau 组合的仿真结果

| 方法 | 能耗/kW·h | VN | SLAV | PDP | PVP | HN | ESLAV |
|---|---|---|---|---|---|---|---|
| NPA | 398.4 | 0 | 0 | 0 | 0 | 434 | 0 |
| DVFS | 137.60 | 0 | 0 | 0 | 0 | 434 | 0 |
| Lr_mu_mmt_pabfd | 34.53 | 5515 | 0.005 07% | 0.08% | 6.05% | 1384 | 0.001 751 |
| Lr_0.8am_mmt_pabf | 35.93 | 4 121 | 0.002 62% | 0.05% | 4.93% | 1145 | 0.000 941 |
| Lr_0.8am_mau_pabf | 32.69 | 3 133 | 0.004 45% | 0.09 | 5.19% | 1 001 | 0.001 455 |
| Lr_0.8am_mmt_pabfd | 35.66 | 3 894 | 0.002 41% | 0.05% | 4.75% | 1 146 | 0.000 859 |
| Lr_0.8am_mau_pabfd | 32.86 | 3 068 | 0.004 24% | 0.08% | 5.14% | 999 | 0.001 393 |

在真实环境下数据的测试结果再一次证实了以上的结论,但当过载检查方法为 Lr,轻载检测方法为 0.8am,虚拟机部署方法为 pabf 或 pabfd 时,虚拟机选择方法 mau 在能耗、虚拟机迁移数量和主机关闭数几方面优于 mmt,但是性能不如 mmt 方法。分析其原因为:mmt 方法能快速地从过载的主机中迁移一个虚拟机出去,从而使过载的主机达到正常状态,所以其性能比 mau 方法好;然而 mau 方法能使一个过载的主机选择一个对主机的 CPU 利用率最大的虚拟机迁移出去,从而使该主机保持相对长的时间内不再出现过载的情况,故可在确保较高的利用率的同时,保持能耗相对较低。

# 5.7    小结

在本章中,首先对当前主流的几种功率模型进行了分析和改进,进而提出了对测量曲线拟合度更好的指数模型。然后对 IaaS 环境下系统的能耗和性能进行了建模,在此基础上运用过载检测的 Lr 分析法来预测主机的 CPU 利用率,以决定主机是否过载;提出了用于主机轻载检测的 am,$Q_1$ 方法以检测主机是否轻载,以及虚拟机选择方法 mcu 和 mau 以确定需要迁移的虚拟机;最后根据以上的方法设计了综合的能耗和性能感知的虚拟机部署和调度算法。通过大量利用随机数据和真实数据的仿真实验,证明了所提出的轻载检查方法、虚拟机选择方法、虚拟机部署调度算法能有效地降低能耗,提高服务性能。

# 第6章　基于排队论的性能
# 指标动态优化方法

## 6.1　引言

　　一方面,云计算服务提供者向用户提供的服务资源(包括数据、程序和计算等)都是实时动态变化的;另一方面,服务提供商在向用户提供服务时要保证达到用户的服务质量要求,具体的服务质量要求是通过用户定制的服务质量等级协议来表达的。服务质量等级协议的实施包括两个不同的阶段,即协议的协商阶段和协议的实时监督执行阶段。为了实现其服务质量等级协议,首先应当定义服务质量等级协议的具体内容,其主要包括服务的可用性、可靠性、安全性、系统的吞吐量、服务的费用等参数。尽管国内外对云计算环境下的一些关键问题,例如安全性、隐私性、能耗效率和资源管理等已经进行了一定研究,但是对一些性能指标如:系统中的任务数(顾客数也就是请求服务的任务数)、等待服务的任务数、顾客在系统中的停留时间、排队等待服务的时间、响应时间、服务的拒绝率和系统的立即服务率等研究较少[207],而所有这些参数都可以通过排队论工具来获得[208]。然而云计算数据中心在许多方面不同于传统的排队论系统,其一是云计算需要向数量庞大的用户提供服务,数据中心有大量的物理节点,传统的排队论很少考虑到规模这么大的系统;其二是用户的需求不一,云计算负载具有动态的特性[209,210],为了保证用户在负载大范围、动态变化的过程中也能得到期望的服务等级要求,就需要系统能动态地调整,优化资源的利用率;其三是由于系统的动态变化特性,导致系统的服务器性能和系统性能都会随时间变化。其次,为了使用户获得所需的服务质量,就必须对系统的服务质量进行优化。所有这些,都使得满足用户的服务质量等级协议要求成为极具挑战性的问题。由于云计算的上述特性,至今尚未见到运用排队论对服务能力不等的排队论模型进行研究的相关报道。本章将云计算数据中心建模为多到达、多窗口服务能力不等、无限容量的 M/M/m 排队模型,研究基于排队论的云计算性能指标动态优化方法。

## 6.2　相关工作

　　云计算已经吸引了大量的研究人员对其进行研究,但是对其性能进行研究的只有一小部分,建立在严格的性能分析之上的研究就更少了。

　　文献[211]运用排队论技术,通过最大化本地集群来解决使用外部云计算费用最小化的问题。这一问题源于一些企业对一些敏感或隐私数据的处理只能采用内部的集群来处理,其他非敏感业务通过外部的云计算来进行处理,这样会导致内部集群的利用率变低,相应地使用外部云计算的费用会增加;该文献将本地的服务集群和云计算建模为 M/M/1/K 模型,假设服务时间独立、同分布且均值相同,同时设置了一个门限值,当服务请求低于门限值时,所有的服务都由本地集群提供,高于门限值时,低敏感的服务不再由本地集群提供,转而由外部云计算予以提供,从而实现系统性能参数的优化。

　　文献[212]基于排队论和进化计算相结合的方法研究了云计算环境下服务部署优化的问题,并假设请求服务的顾客到达过程为泊松过程,服务的时间服从确定性分布,有多个服务窗口(并假定多个服务窗口的服务能力相同),具体的模型为 M/D/N 模型;通过使用多目标进化算法来平衡折中多个冲突的服务质量目标,寻找能满足服务质量等级协议的帕累托最优(Pareto-optimal)部署配置。

　　文献[213]将用户具有不同优先权和不同服务质量要求的系统建模为 M/M/C/C 模型,从而为不同的用户请求提供不同的服务;在文献[214][215]中为了保证云计算的可靠性,在考虑容错的情况下研究了云计算的响应时间问题。

　　文献[216]根据在不同的并行工作之间共享资源或在空间上对可用资源进行分割的思想,提出了一种 M/G/1 排队论模型,可以在不同负载、不同共享时间或共享空间的情况下预测平均响应时间。

　　文献[217]通过使用 M/G/m 模型,对云计算数据中心服务场的服务等待时间、服务器的利用率性能指标进行分析,以便对性能进行精确的评估,帮助服务提供商更好地确定为了满足用户的服务质量等级协议要求而需要提供的服务器的数量。在另外一篇文献中[218],作者提出了 M/G/m/m＋r 的排队论模型,通过使用嵌入式马尔科夫链,获得了响应时间的完全概率分布和系统中的顾客数。

　　文献[219]中,作者提出了一种基于性能管理的排队论模型,将 Web 请求作为用户请求,虚拟机作为计算中心的服务窗,运用排队论模型动态地创建和移除虚拟机,以实现动态的缩放。

　　另外,为了降低云计算系统运行过程中由于大量计算节点不能得到充分地利用而产生的大量"空转"能耗,文献[183]运用 $n$ 个 M/M/1 排队模型对云计算系统进行建模,计算出云计算系统的平均响应时间、平均功率,进而得出了云计算系统的能耗模型。

以上研究中均假设服务器的服务能力是相等的,而没有考虑到服务器能力不等的普遍情况。文献[220]研究了两服务窗口服务能力不等的排队论模型,但只进行了理论推导,而没有进行仿真验证。本章针对服务器能力不等的实际情况,首先对两服务窗口能力不等的排队模型进行分析、研究和证明,并对其结果进行了仿真验证;然后对多服务窗口能力不等的云计算排队模型设计了优化模型、优化方法并对其进行了仿真分析。

# 6.3　多到达两服务窗口能力不等排队论模型分析

多到达指的是服务请求的顾客分为多个类别,每个请求服务的客户到达的时间间隔为独立同分布的指数分布,即顾客按泊松流到达系统;两服务窗口服务能力不等,到达顾客可以独立地选择其中之一来接受服务。

为便于推导和理解,下面先定义和说明一些有关的概念。$L_s$:系统的队列长度均值,表示系统内顾客数的均值(包括排队等候的顾客数和正在接受服务的顾客数);$L_q$:排队等候服务的队列长度均值;$W_s$:顾客在系统中逗留时间的均值;$W_q$:顾客排队等待服务时间的均值。

**定义 6-1**　连续时间马尔科夫链在时间 $t$ 处在状态 $j$ 的概率常常收敛到一个独立于初始状态的极限值,这个极限值通常称为极限概率,有时也称为平稳概率,该极限概率可以表示为:

$$P_j = \lim_{t \to \infty} P_{ij}(t)$$

其中假定了极限概率存在且独立于初始状态 $i$。

**定义 6-2**[221]　假定一系统 $X(t)$ 为状态非负整数的齐次马尔科夫过程,且它的转移概率是平稳的,具有状态空间为 $E = \{0,1,2,\cdots\}$,则

$$P_{ij}(t) = P\{X(t+s) = j \mid X(s) = i\}$$

不依赖于 $s$,且满足如下的条件

$$P_{i,i+1}(h) = \lambda_i h + o(h) \text{ 当 } h \to 0, i \geqslant 0;$$

$$P_{i,i-1}(h) = \mu_i h + o(h) \text{ 当 } h \to 0, i \geqslant 1;$$

$$P_{i,i}(h) = 1 - (\lambda_i + \mu_i)h + o(h) \text{ 当 } h \to 0, i \geqslant 0;$$

$$P_{i,i}(0) = \delta_{ij}$$

$$\mu_0 = 0, \lambda_0 > 0, \mu_i > 0, \lambda_i > 0, i = 1,2,3,\cdots$$

则称此随机过程为状态可列的生灭过程(Birth and Death Process),其状态转移图如图 6-1 所示。

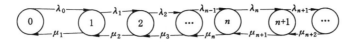

图 6-1　生灭过程的状态转移图

当 $h \to 0$ 时，可以得到生灭过程的差分方程为：

$$P_0{}'(t) = -\lambda_0 P_0 + \mu_1 P_1(t)$$

$$P_j{}'(t) = \lambda_{j-1} P_{j-1}(t) - (\lambda_j + \mu_j) P_j(t) + \mu_{j+1} P_{j+1}(t), j = 1, 2, 3, \cdots$$

**引理 6-1**　若 $\sum u_n$ 为正项级数，且

$$\lim_{n \to \infty} \frac{u_{n+1}}{u_n} = q$$

则

当 $q < 1$ 时，级数 $\sum u_n$ 收敛[222]；

当 $q \geqslant 1$ 时，级数 $\sum u_n$ 发散[222]。

**引理 6-2**　当极限分布存在时，令 $t \to \infty$，可得到如下的生灭平衡方程[223]：

$$\lambda_0 P_0 = \mu_1 P_1(t)$$

$$(\lambda_j + \mu_j) P_j(t) = \lambda_{j-1} P_{j-1}(t) + \mu_{j+1} P_{j+1}(t), j = 1, 2, 3, \ldots$$

$$\lambda_{k-1} P_{k-1} = \mu_k P_k$$

**定理 6-1**　设 $X(t)$ 表示 $t$ 时刻系统中的顾客数，$P_n$ 为系统的极限概率；符合多到达两服务窗口能力不等的排队模型 M/M/2，当总的服务速率 $u$ 大于总的到达速率 $\lambda$ 时，存在平稳分布，且

$$P_n = \frac{P_0}{(2\lambda + \mu_1 + \mu_2)(\mu_2 + \mu_1)} \left(\frac{\lambda}{\mu}\right)^{n-2} \left(\frac{\lambda + \theta(\mu_1 + \mu_2)}{\mu_1} + \frac{\mu_1 + \mu_2 - \theta(\mu_1 + \mu_2) + \lambda}{\mu_2}\right)$$

$$P_0 = [1 + \alpha_1 + \alpha_2 + \lambda\mu(\alpha_1 + \alpha_2)/(\mu + \mu_1)(\mu - \lambda)]^{-1}$$

其中

$$\alpha_1 = \lambda[\lambda + \theta(\mu_1 + \mu_2)]/(2\lambda + \mu_1 + \mu_2)\mu_1,$$

$$\alpha_2 = \lambda[\mu_1 + \mu_2 - \theta(\mu_1 + \mu_2) + \lambda]/(2\lambda + \mu_1 + \mu_2)\mu_2$$

证明：设系统拥有独立多到达的顾客且顾客按泊松流到达，顾客到达率分别为 $\lambda_1, \lambda_2, \cdots, \lambda_m$，则总的到达速率为：

$$\lambda = \sum_{i=1}^{m} \lambda_i$$

系统内有 $n$ 个服务窗，各个窗口工作独立，且它们的服务率分别为 $\mu_1, _2, \cdots, \mu_n$，于是系统总的服务率为：

$$\mu = \sum_{k=1}^{n} \mu_k$$

即 $n$ 个窗口均忙时，单位时间内被服务完毕的平均顾客数。

为便于证明，假设系统共有两个服务窗口，服务率分别为 $\mu_1$ 和 $\mu_2$。假设在任意时刻，系统的状态用系统中的顾客数表示。当系统中没有顾客时，系统处在状态 0；当系统中有一个顾客时，由于系统中有两个服务窗口，顾客选择 1 服务窗口的概率假设为 $\theta$，则系统处在 11 状态，相应的顾客选择 2 服务窗口的概率为 $1-\theta$，则系统处在 12 状态；当系统中已有 1 个顾客时，再来一个顾客，不论系统处于 11 或 12 状态，此时系统都将转变为 2 状态，当系统状态为 $3,4,\cdots,n$ 时表示系统中有 $3,4,\cdots,n$ 个顾客，但是其中只有两个顾客接受服务，其他顾客在排队等待服务，总的服务率为 $\mu=\mu_1+\mu_2$，于是相应的状态转移图如图 6-2 所示。

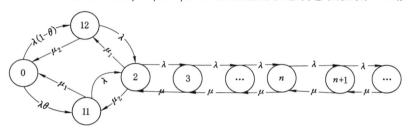

图 6-2 排队模型的状态转移图

假设极限分布存在，根据引理 6-2 和定义 6-2，可得到生灭过程的平衡方程组如下：

状态　　　　　　　　过程离开的速率＝进入的速率

0　　　$\lambda\theta P_0 + \lambda(1-\theta)P_0 = \lambda P_0 = \mu_1 P_{11} + \mu_2 P_{12}$ 　　　　（6-1）

11　　　$\lambda P_{11} + \mu_1 P_{11} = \lambda\theta P_0 + \mu_2 P_2$ 　　　　（6-2）

12　　　$\lambda P_{12} + \mu_2 P_{12} = \lambda(1-\theta)P_0 + \mu_1 P_2$ 　　　　（6-3）

$(\lambda+\mu_1+\mu_2)P_2 = \lambda(P_{12}+P_{11}) + \mu P_3$ 　　　　（6-4）

$$\vdots$$

$n$ 　　　$(\lambda+\mu)P_n = \lambda P_{n-1} + \mu P_{n+1}$ 　　　　（6-5）

把式（6-3）乘以 $\mu_2$，然后减去式（6-2）乘以 $\mu_1$ 得：

$$\mu_2(\lambda P_{12}+\mu_2 P_{12}) - \lambda P_{11}\mu_1 - \mu_1 P_{11}\mu_1 = \mu_2[\lambda(1-\theta)P_0 + \mu_1 P_2] - (\lambda\theta P_0 + \mu_2 P_2)\mu_1$$
$$\text{（6-6）}$$

式（6-6）化简得：

$$\mu_2(\lambda P_{12}+\mu_2 P_{12}) - \lambda P_{11}\mu_1 - \mu_1 P_{11}\mu_1 = \mu_2\lambda(1-\theta)P_0 - \lambda\theta\mu_1 P_0 \quad \text{（6-7）}$$

把式(6-1)乘以$(\lambda+\mu_1)$,得

$$(\lambda+\mu_1)\lambda P_0=(\lambda+\mu_1)(\mu_1 P_{11}+\mu_2 P_{12}) \tag{6-8}$$

式(6-7)加式(6-8)得:

$$\mu_2(2\lambda+\mu_1+\mu_2)P_{12}=\lambda[\mu_1+\mu_2-\theta(\mu_1+\mu_2)+\lambda]P_0$$

从而可得:

$$P_{12}=\lambda[\mu_1+\mu_2-\theta(\mu_1+\mu_2)+\lambda]P_0/\mu_2(2\lambda+\mu_1+\mu_2) \tag{6-9}$$

把式(6-7)乘以$-1$加上式(6-1)乘以$(\lambda+\mu_2)$得:

$$\lambda P_{11}\mu_1+\mu_1 P_{11}\mu_1-\mu_2(\lambda P_{12}+\mu_2 P_{12})+(\lambda+\mu_2)\times(\mu_1 P_{11}+\mu_2 P_{12})$$

$$=(\lambda+\mu_2)\times\lambda P_0-\mu_2\lambda(1-\theta)P_0+\lambda\theta P_0\mu_1$$

$$2\lambda\mu_1 P_{11}+\mu_1^2 P_{11}+\mu_1\mu_2 P_{11}=\lambda P_0[\lambda+\theta(\mu_1+\mu_2)]$$

$$P_{11}=\lambda P_0[\lambda+\theta(\mu_1+\mu_2)]/(2\lambda+\mu_1+\mu_2)\mu_1 \tag{6-10}$$

把式(6-2)和式(6-3)相加得:

$$\lambda P_{11}+\mu_1 P_{11}+\lambda P_{12}+\mu_2 P_{12}=\lambda\theta P_0+\mu_2 P_2+\lambda(1-\theta)P_0+\mu_1 P_2$$

利用式(6-1)得:

$$\lambda P_{11}+\mu_1 P_{11}+\lambda P_{12}+\mu_2 P_{12}$$

$$=\lambda\theta P_0+\mu_2 P_2-\lambda\theta P_0+\mu_1 P_{11}+\mu_2 P_{12}+\mu_1 P_2$$

$$\lambda P_{11}+\lambda P_{12}=\mu_2 P_2+\mu_1 P_2$$

$$P_2=\lambda(P_{11}+P_{12})/(\mu_2+\mu_1)=(P_{11}+P_{12})\frac{\lambda}{\mu_2+\mu_1} \tag{6-11}$$

由式(6-1)和式(6-11)得:

$$(\lambda+\mu_1+\mu_2)\times\lambda(P_{11}+P_{12})/(\mu_2+\mu_1)=\lambda(P_{12}+P_{11})+\mu P_3$$

$$\lambda^2(P_{11}+P_{12})/(\mu_2+\mu_1)+\lambda(P_{12}+P_{11})=\lambda(P_{12}+P_{11})+\mu P_3$$

$$P_3=\lambda^2(P_{11}+P_{12})/(\mu_2+\mu_1)\mu=\lambda P_2/\mu \tag{6-12}$$

当 $n\geqslant2$ 时,

$$P_n=\frac{\lambda}{\mu}P_{n-1}=\lambda^{n-1}(P_{11}+P_{12})/(\mu_2+\mu_1)\mu^{n-2}$$

$$=\frac{P_0}{(2\lambda+\mu_1+\mu_2)(\mu_2+\mu_1)}\left(\frac{\lambda}{\mu}\right)^{n-2}\left(\frac{\lambda+\theta(\mu_1+\mu_2)}{\mu_1}+\frac{\mu_1+\mu_2-\theta(\mu_1+\mu_2)+\lambda}{\mu_2}\right)$$

$$\tag{6-13}$$

显然,$P_n$ 为正项级数,由引理 6-1 得

$$\lim\frac{P_{n+1}}{P_n}=\frac{\lambda}{\mu}$$

当 $\dfrac{\lambda}{\mu}<1$ 时,级数 $P_n$ 收敛,即平稳分布存在,且具有正则性

$$P_0 + P_{11} + P_{12} + \sum_{n=2}^{\infty} P_n = 1$$

$$P_0 + P_{11} + P_{12} + \sum_{n=2}^{\infty} \lambda^{n-1}(P_{11} + P_{12})/(\mu_2 + \mu_1)\mu^{n-2} = 1$$

$$P_0 + P_{11} + P_{12} + [(P_{11} + P_{12})/(\mu_2 + \mu_1)] \sum_{n=2}^{\infty} \lambda^{n-1}/\mu^{n-2} = 1$$

$$P_0 + P_{11} + P_{12} + \lambda[(P_{11} + P_{12})/(\mu_2 + \mu_1)] \sum_{n=2}^{\infty} (\lambda/\mu)^{n-2} = 1$$

$$P_0 + P_{11} + P_{12} + \lambda[(P_{11} + P_{12})/(\mu_2 + \mu_1)] \times [1/(1 - \frac{\lambda}{\mu})] = 1$$

$$P_0 + P_{11} + P_{12} + \lambda\mu(P_{11} + P_{12})/(\mu_2 + \mu_1)(\mu - \lambda) = 1$$

令

$$\alpha_1 = \lambda[\lambda + \theta(\mu_1 + \mu_2)]/(2\lambda + \mu_1 + \mu_2)\mu_1,$$
$$\alpha_2 = \lambda[\mu_1 + \mu_2 - \theta(\mu_1 + \mu_2) + \lambda]/(2\lambda + \mu_1 + \mu_2)\mu_2$$

则

$$P_0[1 + \alpha_1 + \alpha_2 + \lambda\mu(\alpha_1 + \alpha_2)/(\mu + \mu_1)(\mu - \lambda)] = 1$$
$$P_0 = [1 + \alpha_1 + \alpha_2 + \lambda\mu(\alpha_1 + \alpha_2)/(\mu + \mu_1)(\mu - \lambda)]^{-1} \tag{6-14}$$

证毕。

由于系统中只有两个服务窗口,因此系统排队等候服务的队列长度均值为:

$$L_q = \sum_{n=3}^{\infty} (n-2)P_n = [\lambda(P_{11} + P_{12})/(\mu_2 + \mu_1)] \sum_{n=3}^{\infty} (n-2)(\lambda/\mu)^{n-2}$$

$$= [\lambda(P_{11} + P_{12})/(\mu_2 + \mu_1)](\lambda/\mu) \sum_{n=3}^{\infty} (n-2)(\lambda/\mu)^{n-3}$$

$$= [\lambda(P_{11} + P_{12})/(\mu_2 + \mu_1)](\lambda/\mu) \sum_{n=3}^{\infty} (n-2)(\lambda/\mu)^{n-3}$$

$$= [\lambda(P_{11} + P_{12})/[\mu_2 + \mu_1)](\lambda/\mu)[(1 + 2\lambda/\mu + 3(\lambda/\mu)^2 + 4(\lambda/\mu)^3 +$$
$$\cdots + (n-2)(\lambda/\mu)^{n-3}]$$

$$= \lambda^2\mu(P_{11} + P_{12})/(\mu_2 + \mu_1)(\mu - \lambda)^2$$

$$= \lambda^2\mu P_0(\alpha_1 + \alpha_2)/(\mu_2 + \mu_1)(\mu - \lambda)^2 \tag{6-15}$$

系统中的队列长度均值为:

$$L_s = \sum_{n=1}^{\infty} nP_n = P_{11} + P_{12} + \sum_{n=2}^{\infty} nP_n$$

$$= P_{11} + P_{12} + \lambda(P_{11} + P_{12})/(\mu_2 + \mu_1) \sum_{n=2}^{\infty} n(\lambda/\mu)^{n-2}$$

其中 $\sum_{n=2}^{\infty} n(\lambda/\mu)^{n-2}$,令 $x = \lambda/\mu$ 得

$$\sum_{n=2}^{\infty} n \left(\lambda/\mu\right)^{n-2} = 2 + 3x + 4x^2 + 5x^3 + \cdots + nx^{n-2}$$

令 $2 + 3x + 4x^2 + 5x^3 + \cdots + nx^{n-2}$ 乘以 $x$ 得

$$2x + 3x^2 + 4x^3 + 5x^4 + \cdots + nx^{n-1} = \left[1/(1-x)\right]' - 1,$$

所以

$$\sum_{n=2}^{\infty} n \left(\lambda/\mu\right)^{n-2} = \left\{\left[1/\left(1 - \frac{\lambda}{\mu}\right)\right]' - 1\right\} / \frac{\lambda}{\mu} = \mu(2\mu - \lambda)/(\mu - \lambda)^2$$

因此

$$L_s = P_{11} + P_{12} + \lambda(P_{11} + P_{12})\mu(2\mu - \lambda)/\left[(\mu_2 + \mu_1)(\mu - \lambda)^2\right]$$

$$L_s = P_0\left[\alpha_1 + \alpha_2 + \lambda(\alpha_1 + \alpha_2)\mu(2\mu - \lambda)\right]/\left[(\mu_2 + \mu_1)(\mu - \lambda)^2\right] \tag{6-16}$$

根据著名的 Little 公式可得,

$$W_s = L_s/\lambda = P_0\left[\alpha_1 + \alpha_2 + \lambda(\alpha_1 + \alpha_2)\mu(2\mu - \lambda)\right]/\left[(\mu_2 + \mu_1)(\mu - \lambda)^2\lambda\right] \tag{6-17}$$

$$W_q = L_q/\lambda = \left[\lambda^2\mu P_0(\alpha_1 + \alpha_2)/(\mu_2 + \mu_1)(\mu - \lambda)^2\right]/\lambda$$

$$= \lambda\mu P_0(\alpha_1 + \alpha_2)/(\mu_2 + \mu_1)(\mu - \lambda)^2 \tag{6-18}$$

## 6.4 数值验证

对于以上的结论,本书使用 Matlab R2009b 离散事件仿真工具 SimEvents 进行验证,具体的参数设置如表 6-1 所示,其中 $\lambda$ 为各种类型请求的服务到达率之和。根据上述的分析和参数设置结果,可以建立起如图 6-3 所示的 Simulink 里面的 SimEvents 模块仿真模型。数值仿真结果以及理论计算结果和文献 [220] 的计算结果记录在表 6-1 中。

表 6-1　　　　　　　　各参数值和仿真、理论结果

| 参数 | | | | 结果 | | 方　　法 |
|---|---|---|---|---|---|---|
| $\lambda$ | $\mu_1$ | $\mu_2$ | $\theta$ | $L_q$ | $W_q$ | |
| 12 | 15 | 12 | 2/3 | 1.369 0 | 0.113 8 | 仿真 |
| | | | | 1.334 5 | 0.111 2 | 本书理论值 |
| | | | | 0.218 2 | 0.018 2 | 文献[220]理论值 |
| 18 | 20 | 15 | 3/4 | 2.657 0 | 0.146 7 | 仿真 |
| | | | | 2.667 8 | 0.148 2 | 本书理论值 |
| | | | | 0.368 1 | 0.020 4 | 文献[220]理论值 |

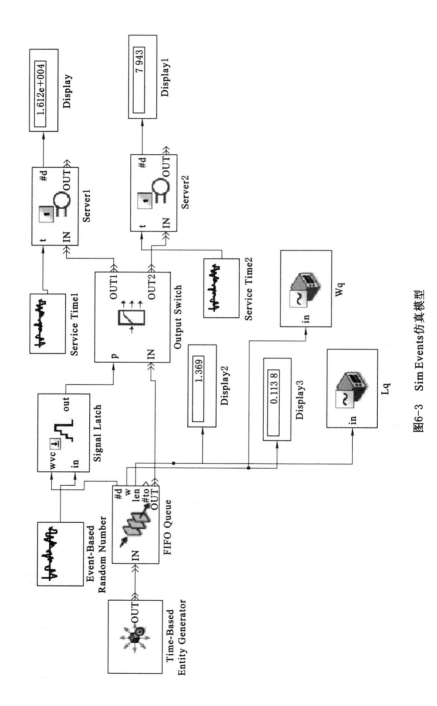

图6-3 Sim Events仿真模型

从表 6-1 可以看出,本书所证明和推导出的计算方法的理论计算值和仿真结果非常吻合,从而也验证了本方法的正确性;而文献[220]的理论结果和仿真结果相差较大,因而不能很好地应用到具体实践中去。另外从图 6-4 到图 6-7 可以看出,该系统随着时间的推进渐渐收敛到稳定的值,从而说明了稳态解的存在性。

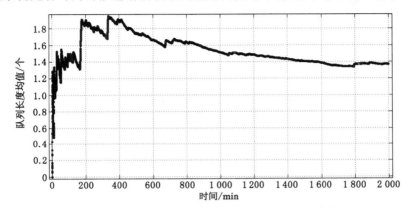

图 6-4　$\lambda=12,\mu_1=15,\mu_2=12,\theta=2/3$ 时
顾客排队等待服务的队列长度均值

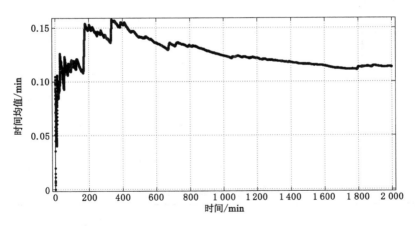

图 6-5　$\lambda=12,\mu_1=15,\mu_2=12,\theta=2/3$ 时
顾客排队等待服务的时间均值

以上的仿真分析针对的是单输入,即单顾客类型服务请求的情况,为了验证多到达独立同分布的泊松流队列参数,把总的到达率为 $\lambda=12$ 的泊松流分割成三类到达率分别为 $\lambda_1=3,\lambda_2=4$ 和 $\lambda_3=5$ 的泊松流,并进行仿真,结果如表 6-2 和图 6-8、图 6-9 所示。

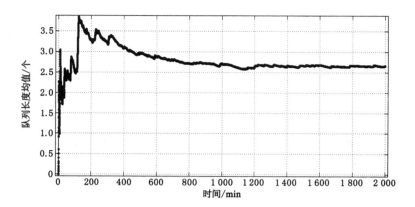

图 6-6 $\lambda = 18, \mu_1 = 20, \mu_2 = 15, \theta = 3/4$ 时

顾客排队等待服务的队列长度的均值

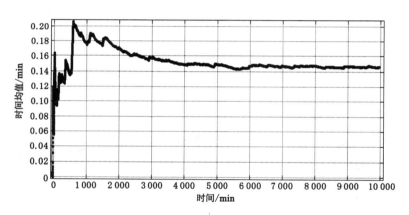

图 6-7 $\lambda = 18, \mu_1 = 20, \mu_2 = 15, \theta = 3/4$ 时

顾客排队等待服务的时间均值

表 6-2 　　　　　　　　　 各参数值和仿真、理论结果

| 参数 | | | | 结果 | | 方　法 |
|---|---|---|---|---|---|---|
| $\lambda$ | $\mu_1$ | $\mu_2$ | $\theta$ | $L_q$ | $W_q$ | |
| 12 | 15 | 12 | 2/3 | 1.334 5 | 0.111 2 | 本书理论结果 |
| 12 | 15 | 12 | 2/3 | 1.369 0 | 0.113 8 | 单到达泊松流的仿真结果 |
| 12 | $\lambda_1 = 3$ $\lambda_2 = 4$ $\lambda_3 = 5$ | 15 | 12 | 2/3 | 1.380 0 | 0.113 8 | 多到达独立泊松流的仿真结果 |

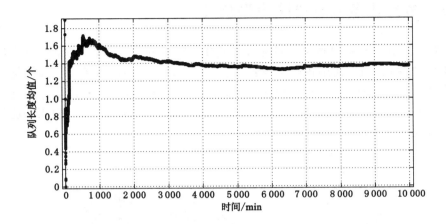

图 6-8　$\lambda_1=3,\lambda_2=4,\lambda_3=5,\mu_1=15,\mu_2=12,\theta=2/3$ 时
顾客排队等待服务队列长度均值

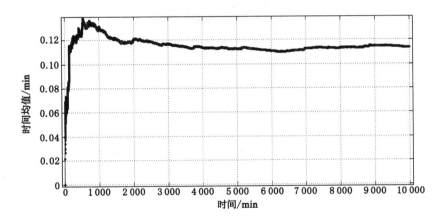

图 6-9　$\lambda_1=3,\lambda_2=4,\lambda_3=5,\mu_1=15,\mu_2=12,\theta=2/3$ 时
顾客排队等待服务的时间均值

从表 6-2 可以看出,单到达和多到达的仿真结果几乎一样,从而验证了理论结果的正确性。另外从图 6-8 和图 6-9 可以看出,系统随着时间的推进渐渐收敛到稳定的值,从而也说明了稳态解的存在性。从收敛速度来说,由于三个泊松流相对于一个泊松流来说相对复杂些,所以收敛得相对慢些。

## 6.5 多到达多服务排队模型优化

在云计算中常有很多顾客同时访问云计算提供的服务,这一场景可以通过图 6-10 来说明,用户使用各种设备通过互联网来请求所需的服务。云计算提供商通过数据中心为来自全球各地的服务请求提供服务,数据中心使用已建立的资源池来支撑用户的具体应用。每个用户可以根据申请的服务类型使用相应的服务,并根据使用的类型和时间支付相应的使用费用。

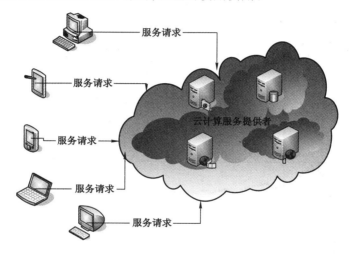

图 6-10　云计算服务请求实例

不幸的是多到达多服务能力不等模型在理论分析上很复杂,可能没有一个显式的解,通过上节对多到达两服务窗口能力不等模型的理论分析和仿真结果可以看出,仿真结果与理论结果是一致的。本节通过仿真分析,来理解和分析多到达多服务能力不等模型的相关性能及其优化问题。

图 6-10 的云计算服务请求实例图可以转换为图 6-11 所示的 M/M/m 排队论模型,假设有 $n$ 类顾客请求服务,连续到达的服务请求来自不同的顾客,到达的时间间隔是一个随机变量,各顾客之间相互独立,因此,顾客的服务请求服从泊松分布,顾客请求的到达率为 $\lambda_i$。获取服务的请求在队列里等待服务,根据调度器的指令被分配给云计算服务中心的不同服务器。假设云计算服务中心有 $m$ 个服务器,记为服务器 $i, i = 1, 2, \cdots, m$,其服务速率为 $\mu_i$,则总的顾客请求到达率为 $\lambda = \sum_{i=1}^{n} \lambda_i$,当到达的总顾客数大于服务窗口数时,服务速率为 $\mu = \sum_{j=1}^{m} \mu_j$。根

据排队论理论,当 $\lambda/\mu < 1$ 时,系统是稳定的。从以上分析可知:云计算中心有 $m$ 个服务器,且各个服务器相互独立;顾客的服务请求按泊松分布到达,到达率为 $\lambda_i$;各个服务器的服务时间为负指数分布,服务速率为 $\mu_i$,因此可利用 M/M/m 队列模型来表示该系统。

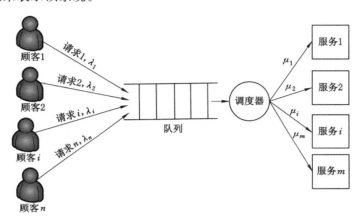

图 6-11　云计算服务请求 M/M/m 排队论模型

## 6.5.1　优化方法

对于云计算中有大量的服务器可供顾客使用的情况,相应的性能参数在前面已经讨论过了,云计算数据中心排队系统的所有参数中,$L_q$ 能充分反映系统的整体性能,因为正在接受服务的顾客数量由云服务中心服务器的数量决定,而 $L_q$ 由服务器的服务性能和排队规则决定。另外为了充分优化整个系统性能,满足顾客的服务性能要求且保持负载平衡,需要考虑服务器的利用率和服务器的服务时间均值。基于以上考虑,本书设计了基于排队论的系统任务调度和性能优化模型,如图 6-12 所示,其中服务器用 S 表示。其工作流程为:所有顾客的服务请求首先进入服务队列,任务调度器根据优化函数的输出结果,指派最合适的服务器为顾客提供服务。优化函数的输入参数为:服务器的利用率、服务器完成客户服务请求时间的均值和服务器排队等待服务的队列长度。假设每个服务器被选中的概率为 $p_i$,其服务时间为 $t_i$,则服务器服务时间的均值 $E(t)$ 为:

$$E(t) = \sum_{i=1}^{m} p_i \times t_i \tag{6-19}$$

优化函数为

$$fun_i = \alpha \times E(t) + \beta \times L_q + \chi \times U_i \tag{6-20}$$

式中，$\alpha,\beta,\chi$ 为系统参数，可以根据具体的系统通过学习来获得；$E(t)$、$L_q$、$U_i$ 分别为每个服务器的服务时间均值、排队等候服务的队列长度均值和服务器的利用率。在式（6-20）中，利用率为 $U_i=\lambda_i/\mu_i$。优化函数针对每个服务器根据其相应参数值计算出其函数值，然后依据这些函数值对全体服务器进行升序排列，调度器选择具有最小函数值的服务器为客户提供服务。

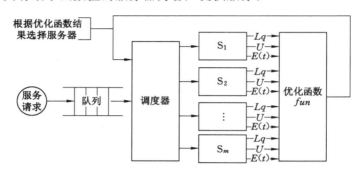

图 6-12　基于排队论的任务调度和性能优化模型

根据上述优化方法，可以设计出相应的优化算法如图 6-13 所示。

1. 输入：requestList
2. 输出：serverNumber
3. serverList＝requestList
3. for 服务器 do
4. 　E(t)＝getValueE(serverNumber)
5. 　Lq＝getValueLq(serverNumber)
6. 　U＝$\lambda_i/\mu_i$
7. 　function_value＝$\alpha * E(t)_i + \beta * (L_q)_i + \chi * U_i$
8. end
9. 根据优化函数的结果按升序排列结果值
10. 获得服务器号的索引（serverNumber）
11. 调度器将请求服务的客户（serverList）调度到相应的服务器接受服务

图 6-13　综合优化算法

## 6.5.2　实验及分析

实验中将服务器分为 4 类，服务速率为 $\{\mu_1=2,\mu_2=3,\mu_3=4,\mu_4=5\}$。服务器为每个顾客的服务时间服从负指数分布，则服务器为每个顾客服务时间的分布密度函数为：

$$f(t) = \mu e^{-\mu t} \, (t > 0)$$

顾客的服务请求到达的时间间隔也服从负指数分布,服务请求的到达率为:
$\{\lambda_1 = 10, \lambda_2 = 15, \lambda_3 = 20, \lambda_4 = 25\}$,则其顾客到达时间间隔的分布密度函数为:

$$f(t) = \lambda e^{-\lambda t} \, (t > 0)$$

服务器的数量为 $\{4, 12, 24, 32, 40\}$;以服务器运行 1 天作为整个的仿真时间即 1 440 min。

为了检验上述优化模型和方法——综合优先级队列方法(Synthesize Optimizing,SO),以经典的短服务时间优先队列方法(Minimum Service Time Priority,MSTP)、先到先服务方法(First Come First Service,FCFS)为比较对象,进行了多组仿真实验。

首先,对于服务器数为 $\{4, 12, 24, 32, 40\}$ 的情况,分别测试每个顾客的等待服务的时间均值,测试结果如表 6-3 所示。从表 6-3 可以看出,当服务器数量为 4 时,三种方法的顾客等待服务的时间均值以 MSTP 为最优,FCFS 其次,而 SO 方法比 FCFS 稍差。分析其原因,当服务器为 4 时,到达请求服务器的顾客很多(排队等待服务的顾客很多,见表 6-4),等待时间很长,所以此时所有的服务器都很忙,但是 MSTP 方法是以请求服务时间短的顾客优先,因此在相同的时间内能服务更多的顾客,所以其顾客等待服务的时间均值相对于另外两种方法明显降低,此时甚至 SO 方法相对于 FCFS 的性能同样稍差,因为在此情况下所有的服务器都在忙于尽力提供服务,如果再进行任务的调度,反而会牺牲服务器的一些性能,所以在服务器数量少的情况下,SO 方法效果不好。当服务器的数量为 12 时,还是 MSTP 方法的顾客等待服务的时间均值最短;但此时 SO 方法的顾客等待服务的时间均值优于 FCFS 方法。当服务器数量较少时,很多顾客不能立即得到服务,不得不在队列中排队等待,MSTP 方法优先服务需要服务时间较短的顾客的服务请求,因而能在相同时间内服务更多的顾客,同时顾客的等待时间也会减少、排队等待服务的顾客人数较少,但是这样对于需要服务需时较长的顾客不够公平——他们可能一直得不到服务。当服务器数量足够多时,例如,当服务器数量超过 24 时,SO 方法的顾客等待服务的时间均值均为最短。其主要原因为 SO 方法能综合优化服务器的利用率、顾客等待服务的时间均值和队列长度均值,使所有的服务器都能发挥其能力,所以总体上的平均等待时间优于其他两种方法。与 SO 方法相比,MSTP 方法和 FCFS 方法不能很好地协调各个服务器和充分利用每个服务器的能力,而是按短服务时间优先的原则或先来先服务的原则选择顾客和随机分配服务器,因此,一些服务性能好且空闲的服务器不能得到充分利用,一些服务性能差的服务器则很可能超载,从而导致顾客等待服务的时间均值增加、服务性能下降。

表 6-3 顾客排队等待服务的时间均值

| 服务器数 | 顾客排队等待服务的时间均值 | | |
|---|---|---|---|
| | FCFS | MSTP | SO |
| 4 | 652.7 | 3.79 | 716 |
| 12 | 462.8 | 1.767 | 296.3 |
| 24 | 126.2 | 1.355 | 0.019 39 |
| 32 | 0.066 9 | 0.022 39 | 0.000 218 5 |
| 40 | 0.004 129 | 0.000 571 7 | 0.000 000 192 8 |

表 6-4 顾客排队等待服务队列长度均值

| 服务器数 | 顾客排队等待服务队列长度均值 | | |
|---|---|---|---|
| | FCFS | MSTP | SO |
| 4 | 45 630 | 28 810 | 46 250 |
| 12 | 32 210 | 13 680 | 20 540 |
| 24 | 8 774 | 1 834 | 1. 351 |
| 32 | 4. 657 | 1.557 | 0.015 18 |
| 40 | 0.286 9 | 0.039 72 | 0.000 134 |

对于服务器数为 {4,12,24,32,40} 的情况,上述 3 种方法的队列长度均值和平均顾客服务数分别如表 6-4 和表 6-5 所示。从表 6-4 和表 6-5 中可以看出,尽管在服务器数量较少时,SO 方法的顾客等待服务的时间均值、队列长度均值和服务的顾客数指标不如 MSTP 方法,但在服务器数量比较多时,SO 方法的队列长度均值、服务顾客数指标均优于另外两种方法。其原因是 SO 方法能优化服务器的利用率、服务器的服务时间均值、排队等候服务的队列长度均值,使利用率低、排队等候服务队列长度短和服务时间均值低的服务器优先被指派给顾客,从而能充分地协调所有的服务器,使其性能得到优化,服务更多的顾客,同时使得服务器的队列长度均值较短。

为了清晰地说明 3 种方法顾客排队等待服务时间的均值随时间变化的情况,选取当服务器数量为 32 时,3 种方法顾客排队等待服务时间均值随时间变化的曲线图如图 6-14 到图 6-16 所示。从中可以明显地看出 SO 方法的顾客排队等待服务的时间均值优于另外两种方法,但是 SO 方法收敛得不如另外两种方法快,主要原因是 SO 方法需要均衡负载,优化服务器的利用率,在多个服务器间进行顾客的调度。

**表 6-5**　　　　　　　　　　　　服务顾客数

| 服务器数 | 服务顾客数 | | |
|---|---|---|---|
| | FCFS | MSTP | SO |
| 4 | 9 193 | 42 890 | 8 675 |
| 12 | 35 990 | 72 860 | 59 450 |
| 24 | 82 620 | 97 410 | 100 000 |
| 32 | 100 000 | 100 000 | 100 100 |
| 40 | 100 100 | 100 100 | 100 100 |

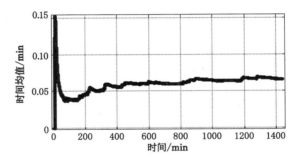

图 6-14　FCFS 方法服务器为 32 时顾客排队等待服务的时间均值

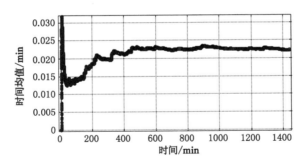

图 6-15　MSTP 方法服务器为 32 时顾客排队等待服务的时间均值

## 6.6　小结

本章探讨了云计算环境下基于排队论模型的系统性能参数优化问题。通过对多到达两服务窗口能力不等排队模型的分析,证明了其稳态解的存在性的条

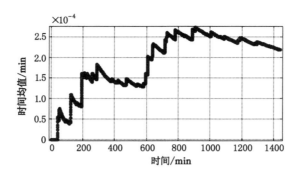

图 6-16　SO 方法服务器为 32 时顾客排队等待服务的时间均值

件,推导出了 $L_q$、$L_s$ 和 $W_q$、$W_s$ 的计算公式,并通过数值仿真对其结果进行了验证。根据其结果,针对云计算环境下多到达多服务能力不等的服务窗口场景下的性能优化问题,设计了综合的优化方法和算法,仿真结果表明,在服务器数量多的情况下所提出的综合优化模型和算法能显著地降低顾客排队等待服务的时间均值、排队等待服务的队列长度均值,且在相同的时间内能对更多的顾客提供服务。另外其仿真结果可以为回答以下问题提供依据:① 对于给定的服务器数量和顾客到达率,可以得到什么样的服务质量? ② 对于给定的服务质量和顾客到达率,多少服务器才能满足其需求? ③ 对于给定的服务器数量和顾客到达率,多少顾客可以获得相应的服务?

# 第 7 章　总结与展望

## 7.1　总结

云计算作为物联网、大数据、移动互联网、知识工程自动化的基础,有着巨大的商业价值和广阔的应用前景,受到了广大产业界、各国政府和广大研究者的重视,激励着广大参与者从事相关理论、技术研究和产品研发。人们对云计算寄予的厚望也意味着对其有全面的更高要求:不仅要存储、传输、处理大量的数据,还要进行数据的融合、数据的提取、数据的加工,进而进行决策、分析、调控等;同时,从用户的角度来说,要保证用户对获取数据的高质量体验;从提供商来讲,要获得最大的收益;从可持续发展和绿色环保的角度来说,要保持高效节能。所有这一切都依赖于系统资源的最优化部署与任务调度。

本书针对云计算的资源部署与任务调度问题,结合用户、服务提供商的主要需求,围绕如何减少数据的传输量、传输次数、提高应用性能,如何满足用户使用云计算的体验需求,如何提高系统的性能、降低系统能耗并兼顾用户体验等关键问题,进行了较为系统、深入的研究。

第一,针对数据密集型应用在数据传输方面存在的数据传输量大、数据传输次数多、网络带宽有限,因而数据传输效率低的问题,本书提出了一种基于最大关联量的数据依赖模型、设计了基于该模型的键能聚类算法、$K$ 分割算法。仿真结果表明提出的模型和算法能显著地降低数据的移动量、移动次数,提高系统性能,进而为数据密集型应用的云计算提供了设计思路、实现方法。

第二,由于不同数据中心的收费标准、通信带宽和处理能力通常存在差异,所以任务调度的差异会显著地影响用户的使用费用和性能体验。本书借助于任务处理交换图,对任务和数据进行分析,提出了任务调度优化的数学模型。基于该模型,设计了变邻域搜索算法与粒子群优化算法相结合的混合粒子群算法。仿真结果显示,混合粒子群优化算法提高了系统的性能,改善了用户的性能体验,为云计算环境下对处理时间、传输时间、处理费用和传输费用的优化的具体实施提供了方法指导。

第三,针对数据中心普遍存在的资源利用率较低、资源和能耗浪费严重的问题,本书首先提出了一种基于 CPU 利用率的改进型的指数型能耗模型,然后设计了 CPU 可变均值法和 CPU 最小利用率法的轻载检查方法,设计了 CPU 最大利用率和 CPU 最小利用率的虚拟机选择方法,最后设计了能耗感知的虚拟机部署算法来优化性能和能耗。仿真结果显示,提出的模型、方法和算法能优化虚拟化数据中心环境下虚拟机动态整合问题,进而优化性能和能耗,提高数据中心的综合性能,对云计算环境下能耗性能优化的具体实施提供了帮助和指导。

第四,为了优化云计算系统的性能参数,本书证明了多到达两服务窗口能力不等排队论模型解的存在条件,理论推导和实验证实了其参数解的正确性,其内容丰富了排队论理论,对实践有指导意义。在此基础上研究了多到达、多窗口服务能力不等的排队模型,并设计了综合的优化方法、模型和算法,仿真证实:其性能优于经典的先到先服务方法和短服务优先排队方法。

# 7.2　展望

云计算资源部署与任务调度方面的研究,目前总体上还处于起步的阶段,有关的研究和成果还较少,面临的困难和问题还较多。由于精力和水平等所限,本书虽对部分关键问题进行了研究,但对许多重要问题研究得还较少、较浅甚至未能涉及。因此,建议未来对下列问题做更全面、深入的研究:

(1)用户选择服务提供商提供服务的问题。本书虽然对用户使用云计算的服务质量进行了优化研究,但针对的是同一个云计算服务提供商。然而目前包括 Amazon,IBM,Google,Microsoft 等全球顶级的 IT 服务提供商都对全球的用户提供各种各样的服务,如何在不同的提供商之间建立良性的竞争关系,用户如何根据自己的需要选择最适合自己的服务,同时又能满足其服务质量的要求,并能最小化用户费用是一个亟待解决的问题。

(2)虚拟机动态迁移时系统的性能分析与优化。目前大多数研究者只考虑了虚拟机的迁移时间,以及由虚拟机迁移导致主机性能的降低,而没有考虑虚拟机迁移所导致的网络开销,短暂的停机对系统性能的影响。另外在虚拟机迁移期间,服务器在开启、休眠和唤醒状态之间的转换也需要开销,对性能也会带来不利的影响,但是目前这方面的研究还很少。

(3)联合协同节能方法、技术的研究。虽然本书对系统性能和能耗进行了优化,但侧重于主机,而云计算中有各种各样的应用系统、不同的数据中心、不同的网络设备、不同的用户需求,如何联合协调系统的所有资源,达到系统的能耗最小化、性能的最优化,是一个有待研究的问题。

(4)互操作性和可移植性问题。目前,不同云服务提供商的服务之间由于缺乏标准接口,用户的应用在不同的云服务提供者之间无法进行互操作和移植,因此云服务提供商必须统一他们的接口；另外由于缺乏兼容的镜像包格式和镜像管理接口，使服务不能从一个云迁移到另一个云。

总之，云计算环境下资源管理基础理论与关键技术研究还存在很多问题，有待于未来做进一步的深入研究。

# 附录　部分资源调度算法源程序

**程序 1　第 3 章基于关联量的数据部署与任务调度算法源程序**

计算总的文件数,唯一文件数

```
function [runntime, uniqfile, filesize, filelink, each_file_used_task, each_
        task_use_file] = caculator_file_number(xmlfile)
xmlstr = fileread(xmlfile);
originalV = xml_parseany(xmlstr);
arrayL = length(originalV. job); %任务数
%计算文件数
filesum = char();
for i = 1:arrayL
    useslength = length(originalV. job{1,i}. uses);
    for j = 1:useslength
        filesum = strvcat (filesum, originalV. job {1, i}. uses {1, j}.
                ATTRIBUTE. file);
    end
end
filelength = length(filesum); %文件数
uniqfile = unique(filesum, 'rows');
uniqlength = length(uniqfile) %没有重复的文件数
for k = 1:uniqlength
  for i = 1:arrayL
    useslength = length(originalV. job{1,i}. uses);
    for j = 1:useslength
        str = deblank(uniqfile(k,:));
        flag = strcmp(str, originalV. job{1,i}. uses{1,j}. ATTRIBUTE. file);
      if flag
        filesize(k) = str2double (originalV. job {1, i}. uses {1, j}.
                ATTRIBUTE. size);
        str2 = deblank(originalV. job{1,i}. uses{1,j}. ATTRIBUTE. link); %
```

从数组中提取字符串时,用 deblank 函数删除后面的空格,

```
str3 = 'input';
if strcmp(str2, str3)
    filelink(k) = 1;%1 代表 ipute 0 表示 output
else
    filelink(k) = 0;
end
break;
end


        end
    end
end
filelink;
filesize;


%%
for i = 1:arrayL
    useslength = length(originalV.job{1,i}.uses);%每个任务的文件数
    runntime(i) = str2double ( originalV. job { 1, i }. ATTRIBUTE.
                runtime);%每个任务的运行时间
    tempindex = 0;
    for j = 1:useslength
        for k = 1:uniqlength%唯一的文件数
        str = deblank(uniqfile(k,:));
        flag = strcmp(str,originalV.job{1,i}.uses{1,j}.ATTRIBUTE.file);
        if flag
            tempindex = tempindex + 1;
            each_task_use_file(i,tempindex) = k;

                            %每个任务使用了哪些文件
        break;
        end
    end
end
```

```
end
runntime;
each_task_use_file;
%%
for k=1:uniqlength%唯一的文件数
    str=deblank(uniqfile(k,:));
    tempindex=0;
    for i=1:arrayL%任务数
        useslength=length(originalV.job{1,i}.uses);
                                    %每个任务的文件数
        for j=1:useslength
            flag= strcmp ( str, originalV. job { 1, i }. uses { 1, j }.
                ATTRIBUTE. file);
            if flag
                tempindex=tempindex+1;
                each_file_used_task(k,tempindex)=i;
                break;
            end
        end
    end
end
uniquefilelnegth=uniqlength;
    each_file_used_task ;
```

计算每个文件被哪些任务使用

```
function [DM,originalV]=calculat_per_file_use_task(uniqfile,xmlfile)
% clc;
% clear all;
xmlstr=fileread(xmlfile);
originalV=xml_parseany(xmlstr);
arrayL=length(originalV.job);
%load('uniqfile');

k=length(uniqfile);
```

```
perfiletaskN＝zeros(1,k);%每个文件被多少个任务使用
perfileusetask＝[];%每个文件被哪些任务使用


%计算文件数
for klop＝1:k
kn＝0;
for i＝1:arrayL
    useslength＝length(originalV.job{1,i}.uses);
    for j＝1:useslength
        ass＝uniqfile(klop,:);
        newass＝deblank(ass);
        bss＝originalV.job{1,i}.uses{1,j}.ATTRIBUTE.file;
        newbss＝deblank(bss);
        filesum＝strcmp(newass,newbss);
        if filesum
            kn＝kn＋1;
        perfiletaskN(1,klop)＝perfiletaskN(1,klop)＋filesum;
        perfileusetask(klop,kn)＝i;
        end


    end
end
end


minvalue＝min(perfiletaskN);
maxvalue＝max(perfiletaskN);
everagevalue＝mean(perfiletaskN);


DM＝zeros(klop);
for rowk＝1:klop
    yk＝0;
for i＝1:klop
    tempk＝0;
```

```
%  rowk=1;
for j=1:maxvalue
    tempA=perfileusetask(rowk,j);
    if tempA==0
        break;
    else
        %for rowk=1:klop

            flag=find(perfileusetask(i,:)==tempA);
            if flag
                tempk=tempk+1;
            end
        %end

    end

end
%if klop==5

%end
DM(rowk,i)=tempk;


end
end
end
```

K 分割算法

```
function [ partSet ] = k_partition( k,CM,newlocIndex,filesize,filelink)
%input:k 为要把 CM 分割为 K 个部分,newlocIndex 为 CM 列的 DS 下标
%CM 为经过 bond_energy_algorithm 算法后的矩阵及要分割的矩阵
%所有的信息都存在 partSet 结构体里面

%为测试本函数之用,测试成功后可以注释掉
```

```
% k=3;
% newlocIndex=[1 3 2 4];%每一个元素表示数据的编号
% CM=[45,45,0,0;45,53,5,3;0,5,80,75;0,3,75,78];
% datasetsize=[23,55,21,99];%每一个数据的大小
datasetsize=filesize;

[p,CMt,CMb]=partition_algorithm(CM);
                %首先把 CM 分割为两个矩阵 CMt,CMb,并求出分割点 p
[X,Y]=size(CM);

%tdskindex 为 CM 分割上部 DS 列的下标
tdskindex=zeros(1,p);
bdskindex=zeros(1,X-p);
for j=1:p
    tdskindex(j)=newlocIndex(j);
end
%dskindex 为 CM 分割的下部 DS 列的下标
for j=p+1:X
    bdskindex(j-p)=newlocIndex(j);
end

tSize=datasize(tdskindex);
tfilelink=filelink(tdskindex);
bSize=datasize(bdskindex);
bfilelink=filelink(bdskindex);

    partSet(1).matrix=CMt;
    partSet(1).length=p;
    partSet(1).value=tdskindex;
    partSet(1).size=tSize;
    partSet(1).link=tfilelink;

    partSet(2).matrix=CMb;
    partSet(2).length=X-p;
```

```
    partSet(2). value＝bdskindex;
    partSet(2). size＝bSize;
    partSet(2). link＝bfilelink;
[v,in]＝sort([partSet. size]);
[,last]＝size(partSet);
[xx,yy]＝size(last);
big_index＝in(yy);

for tempK＝3:k

        [tempP,tempCMt,tempCMb]＝partition_algorithm(partSet(big_
                            index). matrix);
        p＝tempP;
        X＝partSet(big_index). length;
        CMt＝tempCMt;
        CMb＝tempCMb;
        tempbig_index＝big_index;
        big_index＝iterationKP(tempbig_index,tempK,p,X,CMt,CMb);
%        big_index＝testindex;
end
%%


function [tempbig_index]＝iterationKP(big_index,tempK,p,X,CMt,CMb)

tdskindex＝zeros(1,p);
bdskindex＝zeros(1,X－p);
for j＝1:p
    tdskindex(j)＝partSet(big_index). value(j);
end
%dskindex(2,:)为 CM 分割的下部 DS 列的下标
for j＝p+1:X
    bdskindex(j－p)＝partSet(big_index). value(j);
end
% tSize＝datasize(tdskindex);
```

```
% bSize=datasize(bdskindex);
tSize=datasize(tdskindex);
tfilelink=filelink(tdskindex);
bSize=datasize(bdskindex);
bfilelink=filelink(bdskindex);
    partSet(tempK). matrix=CMt;
    partSet(tempK). length=p;
    partSet(tempK). value=tdskindex;
    partSet(tempK). size=tSize;
    partSet(tempK). link=tfilelink;

    partSet(big_index). matrix=CMb;
    partSet(big_index). length=X−p;
    partSet(big_index). value=bdskindex;
    partSet(big_index). size=bSize;
    partSet(big_index). link=bfilelink;
[v,in] = sort([partSet. size]);% 排序为升序,y 为按升序排列后的
        partSet. size,in 为和按升序排列后的值的对应的索引。
[x,last]=size(partSet);
tempbig_index=in(last);
end
%%
function[sizeamout]=datasize(matrix)
            %matrix 为一个矩阵,里面存储了 datasetsize 元素的索引
        [R,C]=size(matrix);
         sizeamout=0;
        for i=1:C
            index=matrix(i);

            sizeamout=sizeamout+datasetsize(index);

        end
end
end
```

**数据移动量、移动次数和运行效率的评估算法**

```
function[movetime, moveamount, uneachdct] = calculat_move_amount_
times_second(runtime, DC, partSet, filesize, filelink, each_file_used_task,
each_task_use_file, originalV)
partSetlength=length(partSet);%parSet 被分为的数据中心个数
%以下计算每个数据中心的文件要用到的任务
eachdct=0;%/包含重复的任务
for i=1:partSetlength
    valuelength=length(partSet(1,i).value);%这个数据中心的文件数
    n=0;
    if valuelength
    for j=1:valuelength
        valueresult=partSet(1,i).value(j);
                            %第 i 个数据中心的第 j 个文件的具体编号
        tasklength=length(each_file_used_task(valueresult,:));
                            %valueresult 文件要用到的任务的数量
        for k=1:tasklength
            taskresult=each_file_used_task(valueresult,k);
            if taskresult
                n=n+1;
                eachdct(i,n)=taskresult;
            end
        end
    end
    else
        eachdct(i,1)=0;
    end
end
    %以下计算每个数据中心的文件要用到的任务,并删除重复的任务

    tempuneachdct=0;
for i=1:partSetlength
    tempvalue=unique(eachdct(i,:));
    templength=length(tempvalue);
```

```
index＝0；
for j＝1：templength
    if tempvalue(j)

        index＝index＋1；
        tempuneachdct(i,index)＝tempvalue(j)；
    end
end
end
movetime＝0；
moveamount＝0；
eachdct；
uneachdct＝tempuneachdct；
％以下计算每个数据中心用到的文件数量
outfile＝0；
％for i＝1：partSetlength％数据中心数
    [x,y]＝size(uneachdct)；
    ％数据中心的行和列数，行代表数据中心的个数，列代表一个数据
    中心分配到的任务书
    for xi＝1：x％计算数据中心总的文件移动次数和移动量
        index＝0；
        outindex＝0；
        infile＝char()；
            infilesize＝0；
            outfile＝char()；
            outfilesize＝0；
            ink＝0；
            outk＝0；
        for yi＝1：y％计算同一数据中心的文件数和文件大小
            tempvalue＝uneachdct(xi,yi)；％表示一个任务

            if tempvalue
                filenumber＝length(originalV.job{1,tempvalue.
                    uses)；
```

```
for i＝1:filenumber
    str2＝deblank(originalV. job{1,tempvalue}.
        uses{1,i}. ATTRIBUTE. link);
    ％从数组中提取字符串时,用 deblank 函数删
    除后面的空格,
    str3＝'input';
    if strcmp(str2,str3)
        ink＝ink＋1;
            infile＝strvcat(infile,originalV. job{1,
                tempvalue }. uses { 1, i }.
                ATTRIBUTE. file);
            infilesize(ink)＝str2double(originalV. job
                {1,tempvalue}. uses {1,
                i}. ATTRIBUTE. size);
        else
            outk＝outk＋1;
            outfile＝strvcat(outfile,originalV. job{1,
            tempvalue}. uses { 1, i}. ATTRIBUTE.
            file);
            outfilesize(outk)＝str2double(originalV.
            job { 1, tempvalue }. uses { 1, i }.
            ATTRIBUTE. size);
        end
    end
    else
        break;
    end

end

tempinF＝infile;
tempinS＝infilesize;

[infile,infilesize]＝uniquefile(tempinF,tempinS);
```

```
                    ％把 infile 里面的文件名相同且文件大小一样的文件只保留一份
％                       infile；％测试用

             tempinF＝outfile；
             tempinS＝outfilesize；
             ［outfile,outfilesize］＝uniquefile(tempinF,tempinS)；
             ％把 outfile 里面的文件名相同且文件大小一样的文件只保
             留一份
             outfile；

             ％把 infile 里面的文件名与 outfile 里面的文件名相同且文件
             大小一样的文件只保留一份

             ［xi,yi］＝size(infile)；
             ［xo,yo］＝size(outfile)；
             i＝1；
             j＝1；
             while i＜＝xi
                 while j＜＝xo
                     Afile＝deblank(infile(i,:))；
                     Bfile＝deblank(outfile(j,:))；
                     if strcmp(Afile,Bfile)&&(infilesize(i)＝＝outfilesize(j))
                         infile(i,:)＝［］；
                         infilesize(i)＝［］；
                         xi＝xi－1；
                         flag＝1；
                         break；
                     else
                         flag＝0；
                     end
                     j＝j＋1；
                 end
                 j＝1；
                 if flag
```

```
        else

            i＝i＋1；
        end
    end
```

%下面计算移动的文件数和移动的文件量

```
infile；
infilesize；
filenumber＝length(infilesize)；
fileamount＝sum(infilesize)；
movetime＝movetime＋filenumber；
moveamount＝moveamount＋fileamount；
        end
        %把 infile 里面的文件名相同且文件大小一样的文件只保留一份
    function[infile,infilesize]＝uniquefile(tempinF,tempinS)
        [infileL,ww]＝size(tempinF)；
        fi＝1；
    %   fi＝infileL－1；
        while fi＜＝infileL－1
            fk＝fi＋1；
            while fk＜＝infileL
                Afile＝deblank(tempinF(fi,:))；
                Bfile＝deblank(tempinF(fk,:))；
                testF＝tempinS(fi)＝＝tempinS(fk)；
                if strcmp(Afile,Bfile)＆＆testF
                    tempinF(fk,:)＝[]；
                    tempinS(fk)＝[]；
                    infileL＝infileL－1；
                else
                fk＝fk＋1；
                end
            end
            fi＝fi＋1；
```

```
        end
      infile＝tempinF；
         infilesize＝tempinS；
    end
end
```

计算每个中心的任务数

```
function［partSet］＝eachdctask（dcN,partSet,each_file_used_task）
％计算每个Dc的任务
for i＝1:dcN
    filename＝partSet(1,i).value；
    filenamelength＝length(filename)；
    totalI＝1；
    for j＝1:filenamelength
        taskName＝each_file_used_task(filename(j),:)；
        tasklength＝length(taskName)；
        index＝1；
        while(taskName(index))
            partSet(1,i).task(1,totalI)＝taskName(index)；
            index＝index＋1；
            totalI＝totalI＋1；
            if index＞tasklength
                break；
            end
        end
    end
    partSet(1,i).task＝unique(partSet(1,i).task)；
end
end
```

## 程序 2 第 4 章基于关联量的数据部署与任务调度算法源程序

```
function［ ］＝allocation（Tn,Pn,d,Gn,PopSize,An,TaskData,
            ProcessCapacity,rm,bm,cm,jjjj）
```

```
testnumber＝0;
[px,py]＝size(rm);
w＝0.729;
v＝zeros(PopSize,Tn);
x＝zeros(PopSize,Tn);
averagefit＝zeros(1,Gn);
pl＝zeros(PopSize,Tn);
%%相关参数的设置
maxV＝Pn;
minV＝1;
c1＝1.49445;
c2＝1.49445;
Dim＝Tn;%微粒的维数
Iter＝0;%初始迭代次数
totaltime＝zeros(1,Gn);
tStart ＝ tic;
minvalu＝0;
gBestfit＝0;
averagebBest＝0;
for average＝1:An
    fit＝zeros(1,PopSize);
  totalfit＝zeros(1,PopSize);


%微粒位置和速度的初始化
for i＝1:PopSize
    for j＝1:Tn
        x(i,j)＝(－0.4)＋(4.0－(－0.4)) * rand();
    end
end
for i＝1:PopSize
    for j＝1:Tn
        v(i,j)＝(－0.4)＋(4.0－(－0.4)) * rand();
    end
end
```

%将连续的位置转换为离散的位置值,xsort 为连续变量按升序排列后的值,xdl 为排序后的值和原来的值的对应位置值,也就是任务序号

```
[xsort,xdl]＝sort(x,2);
%把任务序号分配给处理器,pl 是处理器号
pl＝mod(xdl,Pn)＋1;
for ic＝1:PopSize
        fitvalue＝0;
        for j＝1:Tn
            a＝TaskData(j);
            b＝ProcessCapacity(pl(ic,j));
            c＝a/b;

            fitvalue＝fitvalue＋c;% the time of processor
        end
        ttime＝0;
        for kk＝1:px
            if pl(ic,rm(kk,1))～＝pl(ic,rm(kk,2))
                ss＝bm(pl(ic,rm(kk,1)),pl(ic,rm(kk,2)));
                cc＝cm(rm(kk,1),rm(kk,2));
            ttime＝cc/ss;
             end
        end
        clear kk;
        fit(ic)＝fitvalue＋ttime;
end
clear ic;
totalfit＝fit;
[minvalu,minlocation]＝min(totalfit);
gBest＝minlocation;
pBest＝x;
gBestfit＝minvalu;
true＝0;
for Iteration＝1:Gn
tStart1 ＝ tic;
```

```
for i＝1:PopSize
    for j＝1:Tn
        r1＝rand();
        r2＝rand();
        v(i,j)＝v(i,j) * w＋c1 * r1 * (pBest(i,j)－x(i,j))＋c2 * r2 * (x
            (gBest,j)－x(i,j));
                            if (v(i,j))＞100
            v(i,j)＝100;
        end
        if (v(i,j))＜－100
            v(i,j)＝－100;
        end
        x(i,j)＝x(i,j)＋v(i,j);
    end
end

[xsort,xdl]＝sort(x,2);
pl＝mod(xdl,Pn)＋1;

pBestTemporary＝xdl;
temptx＝x;
newfit＝zeros(1,PopSize);
    temporaryfit＝zeros(1,PopSize);
for ic＝1:PopSize
fitvalue＝0;
        for j＝1:Tn
            fitvalue＝fitvalue＋TaskData(j)/ProcessCapacity(pl(ic,j));
        end
        ttime＝0;
    for k＝1:px
        if pl(ic,rm(k,1))～＝pl(ic,rm(k,2))
            ss＝bm(pl(ic,rm(k,1)),pl(ic,rm(k,2)));
            cc＝cm(rm(k,1),rm(k,2));
        ttime＝cc/ss;
```

```
                end
            end
        clear k；
            temporaryfit(ic)=fitvalue+ttime；
            if totalfit(ic)>temporaryfit(ic)
                pBest(ic,:)=x(ic,:)；
                totalfit(ic)=temporaryfit(ic)；
            end
    end

[minvalu,minlocation]=min(totalfit)；
if minvalu<gBestfit
    gBest=minlocation；
    gBestfit=minvalu；
end

averagefit(Iteration)=averagefit(Iteration)+totalfit(gBest)；
totaltime(Iteration)=totaltime(Iteration)+toc(tStart1)；

%VNS算法
if Iteration~=1
    tempx=averagefit(Iteration-1)-averagefit(Iteration)；
if tempx<0.3
    true=true+1；
    % disp('test')；
else
    true=0；
end
end
    if true>6
        scop=1；
        step=25；
while scop<100
    sx=scop+(-0.4)+(4.0-(-0.4))*rand()；
```

```
        gtempx=zeros(PopSize,Tn);
        gtempx(gBest,:)=x(gBest,:)+sx;
        [xsort,xdl]=sort(gtempx,2);
  pl=mod(xdl,Pn)+1;
        fitvalue=0;
        for j=1:Tn
            fitvalue=fitvalue+TaskData(j)/ProcessCapacity(pl(gBest,j));
        end
        ttime=0;
       for k=1:px
          if pl(gBest,rm(k,1))~=pl(gBest,rm(k,2))
            ss=bm(pl(gBest,rm(k,1)),pl(gBest,rm(k,2)));
            cc=cm(rm(k,1),rm(k,2));
          ttime=cc/ss;
           end
       end
        temporaryfit=fitvalue+ttime;
if temporaryfit<gBestfit
     gBestfit=temporaryfit;
     x(gBest,:)=gtempx(gBest,:);
     break;
end
scop=scop+step;
end
     true=0;
end
%VNS  结束
end


averagebBest=averagebBest+gBestfit;
end
averagebBest=averagebBest/An
totaltimez=toc(tStart)
tElapsed = toc(tStart)/An% the averaging time
```

AverageGeneration＝averagefit/An；

testnumber；

ss＝{'F:\matlabex1\pso hill vns\vnsbpsotestresult\85025';

　　'F:\matlabex1\pso hill vns\vnsbpsotestresult\8505';

　　'F:\matlabex1\pso hill vns\vnsbpsotestresult\85085';

　　'F:\matlabex1\pso hill vns\vnsbpsotestresult\2512025';

　　'F:\matlabex1\pso hill vns\vnsbpsotestresult\251205';

　　'F:\matlabex1\pso hill vns\vnsbpsotestresult\2512085';

　　'F:\matlabex1\pso hill vns\vnsbpsotestresult\5024025';

　　'F:\matlabex1\pso hill vns\vnsbpsotestresult\502405';

　　'F:\matlabex1\pso hill vns\vnsbpsotestresult\5024085';};

ssssss＝char(ss)；

save　(ssssss(jjjj,:),'AverageGeneration','totalfit','tElapsed',

　　'totaltimez','averagebBest','totaltime')；

end

## 程序 3　第 5 章云计算环境下能耗性能感知的优化方法部分源程序

0.8AM 策略

protected PowerHost getUnderUtilizedHost（Set ＜? extends　Host ＞
excludedHosts）{

double minUtilization ＝ 1；

double average＝0；

int number＝0；

PowerHost underUtilizedHost ＝ null；

for（PowerHost host : this.＜PowerHost＞ getHostList()）{

if（excludedHosts.contains(host)）{

continue；

}

average ＝average＋host.getUtilizationOfCpu()；

number＝number＋1；

}

average＝average/number；

```
for (PowerHost host : this.<PowerHost> getHostList()) {
if (excludedHosts. contains(host)) {
continue；
}
double utilization ＝ host. getUtilizationOfCpu()；
if (utilization ＞ 0 && utilization ＜ minUtilization && utilization ＜
average * 0. 8
&& ! areAllVmsMigratingOutOrAnyVmMigratingIn(host)) {
minUtilization ＝ utilization；
underUtilizedHost ＝ host；
}
}
return underUtilizedHost；
}
```

\* ///cpu 最小利用率策略

```
protected PowerHost getUnderUtilizedHost ( Set <? extends Host >
excludedHosts) {
double minUtilization ＝ 1；
PowerHost underUtilizedHost ＝ null；
for (PowerHost host : this.<PowerHost> getHostList()) {
if (excludedHosts. contains(host)) {
continue；
}
double utilization ＝ host. getUtilizationOfCpu()；
if (utilization ＞ 0 && utilization ＜ minUtilization
&& ! areAllVmsMigratingOutOrAnyVmMigratingIn(host)) {
minUtilization ＝ utilization；
underUtilizedHost ＝ host；
}
}
return underUtilizedHost；
}
```

能耗感知的最佳适应算法

```
public PowerHost findHostForVm(Vm vm, Set<? extends Host>
excludedHosts) {
double minPower = Double. MAX_VALUE;
PowerHost allocatedHost = null;

for (PowerHost host : this. <PowerHost> getHostList()) {
if (excludedHosts. contains(host)) {
continue;
}
if (host. isSuitableForVm(vm)) {
if (getUtilizationOfCpuMips(host) ! = 0 && isHostOverUtilizedAfter-
Allocation(host, vm)) {
continue;
}

try {
double powerAfterAllocation = getPowerAfterAllocation(host, vm);
if (powerAfterAllocation ! = -1) {
double powerDiff = powerAfterAllocation - host. getPower();
if (powerDiff < minPower) {
minPower = powerDiff;
allocatedHost = host;
//break; //加上 break 是 first fit,不加是 best fit
}
}
} catch (Exception e) {
}
}
}
return allocatedHost;
}
```

# 参 考 文 献

[1] ARMBRUST M,FOX A,GRIFFITH R,et al. A view of cloud computing [J]. Communications of the ACM,2010,53(4):50-58.

[2] BRIAN H,BRUNSCHWILER T,DILL H,et al. Cloud computing[J]. Communications of the ACM,2008,51(7):9-11.

[3] BABURAJAN R. The rising cloud storage market opportunity strengthens vendors[J]. InfoTECH,2011,24(8):1.

[4] Cloud computing[EB/OL]. [2013-10-10]. http://en. wikipedia. org/wiki/ Cloud_computing3.

[5] KLEINROCK L. A vision for the internet[J]. ST journal of research,2005, 2(1):4-5.

[6] ZHANG Y X,ZHOU Y Z. 4VP:a novel meta OS approach for streaming programs in ubiquitous computing[C]//21st International Conference on Advanced Information Networking and Applications (AINA'07) IEEE, 2007:394-403.

[7] ZHANG Y, ZHOU Y. Transparent computing:a new paradigm for pervasive computing [ C ]//International Conference on Ubiquitous Intelligence and Computing,Springer,Berlin,Heidelberg,2006:1-11.

[8] CHEN K,ZHENG W M. Cloud computing:system instances and current research[J]. Journal of software,2009,20(5):1337-1348.

[9] HOF R D. Jeff Bezos' risky bet[J]. Business week,2006,13:52-58.

[10] BODÍK P,FOX A,JORDAN M I,et al. Advanced tools for operators at amazon. com[C]//Proceedings of the First International Conference on Hot Topics in Autonomic Computing,USENIX Association,2006:1-1.

[11] SIMS K. IBM introduces ready-to-use cloud computing collaboration services get clients started with cloud computing[EB/OL]. [2013-5-10]. http://www-03. ibm. com/press/us/en/pressrelease/22613. wss.

[12] ROCHWERGER B,BREITGAND D,LEVY E,et al. The reservoir model and architecture for open federated cloud computing[J]. IBM journal of research and development,2009,53(4):1-4.

[13] SAN ANTONIO. Rackspace open sources cloud platform; announces plans to collaborate with nasa and other industry leaders on openstack project [EB/OL]. [2013-06-10]. http://www. rackspace. com/blog/ newsarticles/rackspace-open-sources-cloud-platform-announces-plans-to-collaborate-with-nasa-and-other-industry-leaders-on-openstack-project/.

[14] OpenStack is now open for windows server[EB/OL]. [2013-04-12]. http:// www. microsoft. com/en-us/news/press/2010/oct10/10-22OpenStackPR. aspx.

[15] KEHOE M,COSGROVE M,GENNARO S D,et al. Smarter cities series: a foundation for understanding IBM smarter cities[J]. An IBM redguide publication,2011:1-27.

[16] JAMES MANYIKA, MICHAEL CHUI, JACQUES BUGHIN, et al. Disruptive technologies:advances that will transform life,business,and the global economy [EB/OL]. [2013-09-18]. http://www. mckinsey. com/insights/business_technology/disruptive_technologies.

[17] The economy is flat so why are financials cloud vendors growing at more than 90 percent per annum? [EB/OL].[2013-08-21]. http://www. fsn. co. uk/channel_outsourcing/the_economy_is_flat_so_why_are_financials_ cloud_vendors_growing_at_more_than_90_percent_per_annum#. Ui_ IhNLTwuU.

[18] Gartner says cloud office systems total 8 percent of the overall office market and will rise to 33 percent by 2017. stamford,conn. ,June 13,2013 [EB/OL]. (2013-03-05) [2013-09-24]. http://www. gartner. com/ newsroom/id/2514915.

[19] Gartner says offshore providers without a cloud strategy will risk their long-term future[EB/OL]. [2013-10-14]. http://www. gartner. com/ newsroom/id/2562415.

[20] Gartner says the road to increased enterprise cloud usage will largely run through tactical business solutions addressing specific issues[EB/OL]. [2013-10-11]. http://www. gartner. com/newsroom/id/2581315.

[21] STAMFORD C. Gartner says worldwide public cloud services market to grow 18 percent in2017 [EB/OL]. (2017-02-22) [2017-4-15]. http:// www. gartner. com/newsroom/id/3616417.

[22] 技术成熟度曲线[EB/OL]. [2017-4-16]. http://baike. baidu. com/link? url= SS80-0iRCrpz8eDPFf3JNCOxMgRMOB0DHy _ zp1LqyNQwTyx85HfrNwHM

wVJUywbNE0cKLs-N3-8vpRjPpMzc8F5kwvMfCc78t4LFlk8qUPL2fxg5erz8F
bhtnfV30n7X8n3nxfqnRu1d05Vup7SLzTMi3h8F-2H5ChsC816LTpC.

[23] ARMBRUST M,FOX A,GRIFFITH R,et al. A view of cloud computing
 [J]. Communications of the ACM,2010,53(4):50-58.

[24] FOX A,GRIFFITH R,JOSEPH A,et al. Above the clouds:a berkeley
 view of cloud computing[R]. Electrical Engineering and Computer
 Science Department,University of California,Berkeley,2009.

[25] BUYYA R, YEO C S, VENUGOPAL S, et al. Cloud computing and
 emerging it platforms:vision,hype,and reality for delivering computing as
 the 5th utility[J]. Future generation computer systems,2009,25(6):
 599-616.

[26] MELL P,GRANCE T. The NIST definition of cloud computing (draft)
 [J]. NIST special publication,2011,800(145):7.

[27] FOSTER I T,ZHAO Y,RAICU I,et al. Cloud computing and grid computing
 360-degree compared[C]//IEEE Grid Computing Environments Workshop,
 2008:1-10.

[28] VAQUERO L M,RODERO-MERINO L,CACERES J,et al. A break in
 the clouds:towards a cloud definition [J]. ACM sigcomm computer
 communication review,2008,39(1):50-55.

[29] MAO M,HUMPHREY M. A performance study on the vm startup time
 in the cloud [C]//IEEE Fifth International Conference on Cloud
 Computing,2012:423-430.

[30] HE S J, GUO L, GUO Y K. Real time elastic cloud management for
 limited resources [C]//IEEE 4th International Conference on Cloud
 Computing,2011:622-629.

[31] HE S J, GUO L, GUO Y K, et al. Elastic application container: a
 lightweight approach for cloud resource provisioning [C]//IEEE 26th
 International Conference on Advanced Information Networking and
 Applications,2012:15-22.

[32] HE S,GUO L,GHANEM M,et al. Improving resource utilisation in the
 cloud environment using multivariate probabilistic models [C]//IEEE
 Fifth International Conference on Cloud Computing,2012:574-581.

[33] BELOGLAZOV A,BUYYA R. Optimal online deterministic algorithms
 and adaptive heuristics for energy and performance efficient dynamic

consolidation of virtual machines in cloud data centers[J]. Concurrency and computation:practice and experience,2012,24(13):1397-1420.

[34] XIE T. Sea:a striping-based energy-aware strategy for data placement in raid-structured storage systems[J]. IEEE transactions on computers, 2008,57(6):748-761.

[35] KOSAR T,STORK M L. Making data placement a first class citizen in the grid [C]//Proceedings of the 24th International Conference on Distributed Computing Systems (ICDCS'04), Tokyo, Japan, IEEE CS Press,Los Alamitos,CA,USA.

[36] COPE J M,TREBON N,TUFO H M,et al. Robust data placement in urgent computing environments[C]//IEEE International Symposium on Parallel & Distributed Processing,2009:1-13.

[37] HARDAVELLAS N,FERDMAN M,FALSAFI B,et al. Reactive NUCA: near-optimal block placement and replication in distributed caches[J]. International symposium on computer architecture,2009,37(3):184-195.

[38] LUDÄSCHER B,ALTINTAS I,BERKLEY C,et al. Scientific workflow management and the Kepler system[J]. Concurrency and computation: practice and experience,2006,18(10):1039-1065.

[39] OINN T,ADDIS M,FERRIS J,et al. Taverna:a tool for the composition and enactment of bioinformatics workflows[J]. Bioinformatics,2004, 20 (17):3045-3054.

[40] WIECZOREK M,PRODAN R,FAHRINGER T. Scheduling of scientific workflows in the ASKALON grid environment[J]. ACM sigmod record, 2005,34(3):56-62.

[41] BARU C,MOORE R,RAJASEKAR A,et al. The SDSC storage resource broker[C]//Proceedings of the 1998 Conference of the Centre for Advanced Studies on Collaborative Research,1998:5.

[42] CHERVENAK A,DEELMAN E,FOSTER I,et al. Giggle:a framework for constructing scalable replica location services [C]//SC'02: Proceedings of the 2002 ACM/IEEE Conference on Supercomputing, 2002:58-58.

[43] BUYYA R ,VENUGOPAL S . The Gridbus toolkit for service oriented grid and utility computing:an overview and status report[C]//IEEE International Workshop on Grid Economics & Business Models,2004.

[44] VENUGOPAL S,BUYYA R,RAMAMOHANARAO K. A taxonomy of data grids for distributed data sharing,management,and processing[J]. ACM computing surveys (CSUR),2006,38(1):3.

[45] GHEMAWAT S,GOBIOFF H,LEUNG S. The google file system[C]// ACM Sigops Operating Systems Review,2003,37:29-43.

[46] Apache hadoop[EB/OL]. [2013-05-19]. http://hadoop. apache. org/.

[47] WANG L Z,TAO J,KUNZE M,et al. Scientific cloud computing:early definition and experience[C]//10th IEEE International Conference on High Performance Computing and Communications,2008:825-830.

[48] YUAN D,YANG Y,LIU X,et al. A data placement strategy in scientific cloud workflows[J]. Future generation computer systems,2010,26(8): 1200-1214.

[49] YU Z F,SHI W S. An adaptive rescheduling strategy for grid workflow applications[C]//IEEE International Parallel and Distributed Processing Symposium,2007:1-8.

[50] CHTEPEN M, CLAEYS F H, DHOEDT B, et al. Adaptive task checkpointing and replication:toward efficient fault-tolerant grids[J]. IEEE transactions on parallel and distributed systems, 2009, 20 (2): 180-190.

[51] LEE Y C, ZOMAYA A Y. Practical scheduling of bag-of-tasks applications on grids with dynamic resilience[J]. IEEE transactions on computers,2007,56(6):815-825.

[52] IBARRA O H,KIM C E. Heuristic algorithms for scheduling independent tasks on nonidentical processors[J]. Journal of the ACM (JACM),1977, 24(2):280-289.

[53] HENSGEN D,MAHESWARAN M,ALI S,et al. Dynamic matching and scheduling of a class of independent tasks onto heterogeneous computing systems[C]//Proceeding Heterogeneous Computing Workshop,1999.

[54] LEE Y C,ZOMAYA A Y. Rescheduling for reliable job completion with the support of clouds[J]. Future generation computer systems,2010,26 (8):1192-1199.

[55] KONG X Z,LIN C,JIANG Y X,et al. Efficient dynamic task scheduling in virtualized data centers with fuzzy prediction[J]. Journal of network and computer applications,2011,34(4):1068-1077.

[56] PANDEY S, WU L, GURU S M, et al. A particle swarm optimization-based heuristic for scheduling workflow applications in cloud computing environments[C]//24th IEEE International Conference on Advanced Information Networking and Applications, 2010:400-407.

[57] WROCLAWSKI J. The use of rsvp with ietf integrated services[R]. RFC 2210, 1997.

[58] BLAKE S, BLACK D, CARLSON M, et al. An architecture for differentiated services[R]. RFC 2475, 1998.

[59] CLARK D D, SHENKER S, ZHANG L X, et al. Supporting real-time applications in an integrated services packet network: architecture and mechanism[J]. ACM special interest group on data communication, 1992, 22(4):14-26.

[60] CHOWDHURY N M, BOUTABA R. A survey of network virtualization [J]. Computer networks, 2010, 54(5):862-876.

[61] ADABALA S, CHADHA V, CHAWLA P, et al. From virtualized resources to virtual computing grids: the In-VIGO system[J]. Future generation computer systems, 2005, 21(6):896-909.

[62] PALMIERI F. GMPLS-based service differentiation for scalable QoS support in all-optical grid applications[J]. Future generation computer systems, 2006, 22(6):688-698.

[63] PALMIERI F, PARDI S. Towards a federated metropolitan area grid environment: the SCoPE network-aware infrastructure [J]. Future generation computer systems, 2010, 26(8):1241-1256.

[64] KAPLAN J M, FORREST W, KINDLER N. Revolutionizing data center energy efficiency[EB/OL]. [2013-03-25]. http://www. sallan. org/pdf-docs/McKinsey_Data_Center_Efficiency. pdf

[65] BUYYA R, BELOGLAZOV A, ABAWAJY J H, et al. Energy-efficient management of data center resources for cloud computing: a vision, architectural elements, and open challenges[J]. Parallel and distributed processing techniques and applications, 2010:6-17.

[66] PINHEIRO E, BIANCHINI R, CARRERA E V, et al. Load balancing and unbalancing for power and performance in cluster-based systems[C]// 2nd Workshop on Compilers and Operating Systems for Low Power, Barcelona, Spain, 2001:1.

[67] CHASE J S, ANDERSON D C, THAKAR P N, et al. Managing energy and server resources in hosting centers [J]. ACM SIGOPS operating systems review, 2001, 35(5): 103-116.

[68] ELNOZAHY E M, KISTLER M, RAJAMONY R. Energy-efficient server clusters [C]//International Workshop on Power-Aware Computer Systems, Springer, Berlin, Heidelberg, 2002: 179-197.

[69] NATHUJI R, SCHWAN K. Virtual power: coordinated power management in virtualized enterprise systems [J]. ACM SIGOPS operating systems review, 2007, 41(6): 265-278.

[70] RAGHAVENDRA R, RANGANATHAN P, TALWAR V, et al. No power struggles: coordinated multi-level power management for the data center[J]. ACM SIGOPS operating systems review, 2008, 42(2): 48-59.

[71] KUSIC D, KEPHART J O, HANSON J E, et al. Power and performance management of virtualized computing environments via lookahead control [J]. Cluster computing, 2009, 12(1): 1-15.

[72] SRIKANTAIAH S, KANSAL A, ZHAO F. Energy aware consolidation for cloud computing[C]//Proceedings of the Conference on Power Aware Computing and Systems, 2008, 10.

[73] CARDOSA M, KORUPOLU M R, SINGH A. Shares and utilities based power consolidation in virtualized server environments[C]//IFIP/IEEE International Symposium on Integrated Network Management, 2009: 327-334.

[74] VERMA A, AHUJA P, NEOGI A. Pmapper: power and migration cost aware application placement in virtualized systems [C]//Proceedings of the 9th ACM/IFIP/USENIX International Conference on Middleware. Springer-Verlag New York, Inc., 2008: 243-264.

[75] GUPTA M, SINGH S. Greening of the internet[C]//Proceedings of the Conference on Applications, Technologies, Architectures, and Protocols for Computer Communications, 2003: 19-26.

[76] VASIĆ N, KOSTIĆ D. Energy-aware traffic engineering[C]//Proceedings of the 1st International Conference on Energy-Efficient Computing and Networking, 2010: 169-178.

[77] PANARELLO C, LOMBARDO A, SCHEMBRA G, et al. Energy saving and network performance: a trade-off approach[C]//Proceedings of the

1st International Conference on Energy-efficient Computing and Networking,2010:41-50.

[78] CHIARAVIGLIO L, MATTA I. Greencoop: cooperative green routing with energy-efficient servers[C]//Proceedings of the 1st International Conference on Energy-Efficient Computing and Networking, 2010: 191-194.

[79] KOSEOGLU M,KARASAN E. Joint resource and network scheduling with adaptive offset determination for optical burst switched grids[J]. Future generation computer systems,2010,26(4):576-589.

[80] TOMÁS L,CAMINERO A C,CARRIÓN C,et al. Network-aware meta-scheduling in advance with autonomous self-tuning system[J]. Future generation computer systems,2011,27(5):486-497.

[81] DODONOV E, DE MELLO R F. A novel approach for distributed application scheduling based on prediction of communication events[J]. Future generation computer systems,2010,26(5):740-752.

[82] GYARMATI L,TRINH T A. How can architecture help to reduce energy consumption in data center networking? [C]//Proceedings of the 1st International Conference on Energy-Efficient Computing and Networking,2010:183-186.

[83] GUO C X,LU G H,WANG H J,et al. Secondnet:a data center network virtualization architecture with bandwidth guarantees[C]//Proceedings of the 6th International Conference,2010:15.

[84] RODERO-MERINO L, VAQUERO L M, GIL V, et al. From infrastructure delivery to service management in clouds[J]. Future generation computer systems,2010,26(8):1226-1240.

[85] CALHEIROS R N,BUYYA R,DE ROSE C A F. A heuristic for mapping virtual machines and links in emulation testbeds[C]//International Conference on Parallel Processing,2009:518-525.

[86] RIMAL B P, CHOI E, LUMB I. A taxonomy and survey of cloud computing systems[C]//Fifth International Joint Conference on INC, IMS and IDC,2009:44-51.

[87] CHANG V,WILLS G,DE ROURE D. A review of cloud business models and sustainability[C]//IEEE 3rd International Conference on Cloud Computing,2010:43-50.

[88] BRODKIN, JON. Gartner: seven cloud-computing security risks [EB/OL]. [2013-06-14]. http://www. infoworld. com/d/security-central/gartner-seven-cloud-computing-security-risks-853.

[89] CATTEDDU D, HOGBEN G. Benefits, risks and recommendations for information [EB/OL]. [2013-08-14]. http://www. c3se. chalmers. se/common/Internt/proceedings _ isccloud10/02 _ Cloud% 20Computing,% 20Facts,% 20Figures,% 20Virtualization,% 20Security/03 _ Massonet. pdf.

[90] PATTERSON D A. The data center is the computer[J]. Communications of the ACM, 2008, 51(1):105.

[91] BUYYA R, RANJAN R. Special section: federated resource management in grid and cloud computing systems[J]. Future generation computer systems, 2010, 26 (8):1189-1191.

[92] LIU F, TONG J, MAO J, et al. NIST cloud computing reference architecture[J]. NIST special publication, 2011, 500:292.

[93] ZHANG Q, CHENG L, BOUTABA R. Cloud computing: state-of-the-art and research challenges[J]. Journal of internet services and applications, 2010, 1(1):7-18.

[94] BUYYA R, YEO C S, VENUGOPAL S, et al. Cloud computing and emerging it platforms: vision, hype, and reality for delivering computing as the 5th utility[J]. Future generation computer systems, 2009, 25 (6): 599-616.

[95] NELSON M, LIM B H, HUTCHINS G. Fast transparent migration for virtual machines [C]//USENIX Annual Technical Conference, General Track, 2005:391-394.

[96] HINES M R, DESHPANDE U, GOPALAN K. Post-copy live migration of virtual machines[J]. ACM SIGOPS operating systems review, 2009, 43 (3):14-26.

[97] CLARK C, FRASER K, HAND S, et al. Live migration of virtual machines [C]//Proceedings of the 2nd Conference on Symposium on Networked Systems Design & Implementation, USENIX Association, 2005, 2:273-286.

[98] TANENBAUM A S, WOODHULL A S, TANENBAUM A S, et al. Operating systems: design and implementation [M]. Englewood Cliffs:

Prentice Hall,1997.

[99] BARHAM P, DRAGOVIC B, FRASER K, et al. Xen and the art of virtualization[J]. ACM SIGOPS operating systems review,2003,37(5): 164-177.

[100] KOZUCH M,SATYANARAYANAN M. Internet suspend/resume[C] //Proceedings of the Fourth IEEE Workshop on Mobile Computing Systems and Applications, IEEE Computer Society,2002:40.

[101] DEAN J, GHEMAWAT S. MapReduce: simplified data processing on large clusters[J]. Communications of the ACM,2008,51(1):107-113.

[102] YANG H C, DASDAN A, HSIAO R L, et al. Map-reduce-merge: simplified relational data processing on large clusters[C]//Proceedings of the ACM SIGMOD International Conference on Management of Data, 2007:1029-1040.

[103] DEELMAN E, BLYTHE J, GIL Y, et al. Pegasus: mapping scientific workflows onto the grid [C]//Grid Computing, Springer, Berlin, Heidelberg,2004:11-20.

[104] LUDÄSCHER B,ALTINTAS I,BERKLEY C,et al. Scientific workflow management and the Kepler system[J]. Concurrency and computation: practice and experience,2006,18(10):1039-1065.

[105] Southern California Earthquake Center. [EB/OL]. [2012-5-20]. http:// www. scec. org.

[106] LIVNY J, TEONADI H, LIVNY M, et al. High-throughput, kingdom-wide prediction and annotation of bacterial non-coding rnas[J]. PloS one,2008,3(9):e3197.

[107] Teragrid archives[EB/OL]. [2013-05-16]. https://www. xsede. org/tg-archives.

[108] WEISS A. Computing in the clouds[J]. Networker,2007,11(4).

[109] BRANTNER M,FLORESCU D,GRAF D A,et al. Building a database in the Cloud [R/OL]. [2013-04-25]. http://www. dbis. ethz. ch/ research/publications. Technical Report,ETH Zurich,2009.

[110] BUYYA R, YEO C S, VENUGOPAL S. Market-oriented cloud computing: vision, hype, and reality for delivering it services as computing utilities[C]//10th IEEE International Conference on High Performance Computing and Communications,2008:5-13.

[111] GROSSMAN R L, GU Y H, SABALA M, et al. Compute and storage clouds using wide area high performance networks[J]. Future generation computer systems, 2009, 25(2): 179-183.

[112] MORETTI C, BULOSAN J, THAIN D, et al. All-pairs: an abstraction for data-intensive cloud computing[C]//IEEE International Symposium on Parallel and Distributed Processing, 2008: 1-11.

[113] SZALAY A, GRAY J. 2020 Computing: science in an exponential world [J]. Nature, 2006, 440(7083): 413-414.

[114] FOSTER I, ZHAO Y, RAICU I, et al. Cloud computing and grid computing 360-degree compared[J]. arXiv preprint, 2008: 0901, 0131.

[115] VÖCKLER J S, JUVE G, DEELMAN E, et al. Experiences using cloud computing for a scientific workflow application[C]//Proceedings of the 2nd International Workshop on Scientific Cloud Computing, 2011: 15-24.

[116] DEELMAN E, SINGH G, LIVNY M, et al. The cost of doing science on the cloud: the montage example[C]//SC'08: Proceedings of the ACM/ IEEE Conference on Supercomputing, 2008: 1-12.

[117] HOFFA C, MEHTA G, FREEMAN T, et al. On the use of cloud computing for scientific workflows [C]//IEEE Fourth International Conference on e-Science, 2008: 640-645.

[118] TAYLOR I J, DEELMAN E, GANNON D, et al. Workflows for e-science[M]. London: Springer-Verlag Limited, 2007.

[119] DORAIMANI S, IAMNITCHI A. File grouping for scientific data management: lessons from experimenting with real traces [C]// Proceedings of the 17th International Symposium on High Performance Distributed Computing, 2008: 153-164.

[120] FEDAK G, HE H W, CAPPELLO F. Bitdew: a programmable environment for large-scale data management and distribution[C]// Proceedings of the ACM/IEEE Conference on Supercomputing, 2008: 45.

[121] AGARWAL S, DUNAGAN J, JAIN N, et al. Volley: automated data placement for geo-distributed cloud services[C]//Usenix Symposium on Networked Systems Design & Implementation, 2010.

[122] COPE J M, TREBON N, TUFO H M, et al. Robust data placement in urgent computing environments[C]//IEEE International Symposium on

Parallel & Distributed Processing,2009:1-13.

[123] PANDEY S,BUYYA R. Scheduling data intensive workflow applications based on multi-source parallel data retrieval in distributed computing networks[R/OL]. [2012-05-15]. http://www. cloudbus. org/reports/ MultiDataSoureeWork-flowCloud2010,pdf. last,2010.

[124] RAMAKRISHNAN A,SINGH G,ZHAO H N,et al. Scheduling data-intensiveworkflows onto storage-constrained distributed resources[C]// Seventh IEEE International Symposium on Cluster Computing and the Grid (CCGrid'07),2007:401-409.

[125] YUAN D,YANG Y,LIU X,et al. A data placement strategy in scientific cloud workflows[J]. Future generation computer systems,2010,26(8): 1200-1214.

[126] 张春艳,刘清林,孟珂.基于蚁群优化算法的云计算任务分配[J].计算机应用,2012,(05):1418-1420.

[127] 曾志,刘仁义,张丰,等.面向云的分布式集群四叉树任务分配策略[J].电信科学,2010,(10):30-34.

[128] 郑湃,崔立真,王海洋,等.云计算环境下面向数据密集型应用的数据布局策略与方法[J].计算机学报,2010,33(8):1472-1480.

[129] 刘少伟,孔令梅,任开军,等.云环境下优化科学工作流执行性能的两阶段数据放置与任务调度策略[J].计算机学报,2011,34(11):2121-2130.

[130] MCCORMICK W T,SCHWEITZER P J,WHITE T W. Problem decomposition and data reorganization by a clustering technique[J]. Operations research,1972,20(5):993-1009.

[131] HOFFER J A,SEVERANCE D G. The use of cluster analysis in physical data base design[C]//Proceedings of the 1st International Conference on Very Large Data Bases,1975:69-86.

[132] NAVATHE S,CERI S,WIEDERHOLD G,et al. Vertical partitioning algorithms for database design[J]. ACM transactions on database systems (TODS),1984,9(4):680-710.

[133] DEELMAN E,CHERVENAK A. Data management challenges of data-intensive scientific workflows[C]//Eighth IEEE International Symposium on Cluster Computing and the Grid (CCGRID),2008:687-692.

[134] LUDÄSCHER B,ALTINTAS I,BERKLEY C,et al. Scientific workflow management and the Kepler system[J]. Concurrency and computation:

practice and experience,2006,18(10):1039-1065.

[135] BUYYA R, YEO C S, VENUGOPAL S, et al. Cloud computing and emerging it platforms:vision,hype,and reality for delivering computing as the 5th utility[J]. Future generation computer systems,2009,25(6): 599-616.

[136] FOSTER I, ZHAO Y, RAICU I, et al. Cloud computing and grid computing 360-degree compared[J]. arXiv preprint,2008:0901,0131.

[137] KOSAR T,STORK M L. Making data placement a first class citizen in the grid[J]. Journal of parallel and distributed computing,2005.

[138] COPE J M, TREBON N, TUFO H M, et al. Robust data placement in urgent computing environments[C]//IEEE International Symposium on Parallel & Distributed Processing,2009:1-13.

[139] XIE T. Sea:a striping-based energy-aware strategy for data placement in raid-structured storage systems[J]. IEEE transactions on computers, 2008,57(6):748-761.

[140] VINEK E, BERAN P P, SCHIKUTA E. A dynamic multi-objective optimization framework for selecting distributed deployments in a heterogeneous environment [J]. Procedia computer science, 2011, 4: 166-175.

[141] RAFIQUE M M,BUTT A R, NIKOLOPOULOS D S. A capabilities-aware framework for using computational accelerators in data-intensive computing[J]. Journal of parallel and distributed computing,2011,71 (2):185-197.

[142] LEE Y C,ZOMAYA A Y. Rescheduling for reliable job completion with the support of clouds[J]. Future generation computer systems,2010,26 (8):1192-1199.

[143] WANG L Z,TAO J,KUNZE M,et al. Scientific cloud computing:early definition and experience[C]//10th IEEE International Conference on High Performance Computing and Communications,2008:825-830.

[144] KEAHEY K,FIGUEIREDO R,FORTES J, et al. Science clouds:early experiences in cloud computing for scientific applications [J]. Cloud computing and applications,2008:825-830.

[145] 徐骁勇,潘郁,凌晨. 云计算环境下资源的节能调度[J]. 计算机应用, 2012,32(7):1913-1915.

［146］刘万军,张孟华,郭文越.基于 MPSO 算法的云计算资源调度策略[J].计算机工程,2011,(11):43-44.

［147］钱琼芬,李春林,张小庆.QoS 约束的云经济资源管理模型研究[J].计算机科学,2011,(S1):195-197.

［148］张水平,邬海艳.基于元胞自动机遗传算法的云资源调度[J].计算机工程,2012,(11):11-13.

［149］PANDEY S, BARKER A, GUPTA K K, et al. Minimizing execution costs when using globally distributed cloud services[C]//24th IEEE International Conference on Advanced Information Networking and Applications,2010:222-229.

［150］TORDSSON J, MONTERO R S, MORENO-VOZMEDIANO R, et al. Cloud brokering mechanisms for optimized placement of virtual machines across multiple providers[J]. Future generation computer systems,2012,28(2):358-367.

［151］LO V M. Task assignment in distributed systems[R]. Department of of Computer Science,University of Illinois Urbana-Champaign,1983.

［152］GHAROONI-FARD G, MOEIN-DARBARI F, DELDARI H, et al. Scheduling of scientific workflows using a chaos-genetic algorithm[J]. Procedia computer science,2010,1(1):1445-1454.

［153］ZHANG L,CHEN Y H,SUN R Y,et al. A task scheduling algorithm based on PSO for grid computing[J]. International journal of computational intelligence research,2008,4(1):37-43.

［154］SALMAN A,AHMAD I,AL-MADANI S. Particle swarm optimization for task assignment problem[J]. Microprocessors and microsystems, 2002,26(8):363-371.

［155］KENNEDY J. Particle swarm optimization[J]. Encyclopedia of machine learning,2010:760-766.

［156］FATIH TASGETIREN M, LIANG Y C, SEVKLI M, et al. Particle swarm optimization and differential evolution for the single machine total weighted tardiness problem[J]. International journal of production research,2006,44(22):4737-4754.

［157］TASGETIREN M F, LIANG Y C, SEVKLI M, et al. A particle swarm optimization algorithm for makespan and total flowtime minimization in the permutation flowshop sequencing problem[J]. European journal of operational research,2007,177(3):1930-1947.

[158] SHI Y H, EBERHART R C. Empirical study of particle swarm optimization [C]//Proceedings of the Congress on Evolutionary Computation-CEC99 (Cat. No. 99TH8406),1999,3:1945-1950.

[159] BLUM C, ROLI A. Metaheuristics in combinatorial optimization: overview and conceptual comparison [J]. ACM computing surveys (CSUR),2003,35(3):268-308.

[160] ANGELINE P J. Evolutionary optimization versus particle swarm optimization:philosophy and performance differences[C]//International Conference on Evolutionary Programming,Springer,Berlin,Heidelberg, 1998:601-610.

[161] MARINAKIS Y,MARINAKI M. A hybrid multi-swarm particle swarm optimization algorithm for the probabilistic traveling salesman problem [J]. Computers & operations research,2010,37(3):432-442.

[162] BEHNAMIAN J, ZANDIEH M, GHOMI S F. Due windows group scheduling using an effective hybrid optimization approach [J]. The international journal of advanced manufacturing technology,2010,46(5-8):721-735.

[163] LIU H B,ABRAHAM A,CHOI O,et al. Variable neighborhood particle swarm optimization for multi-objective flexible job-shop scheduling problems [C]//Asia-Pacific Conference on Simulated Evolution and Learning, Springer,Berlin,Heidelberg,2006:197-204.

[164] MLADENOVIĆ N, HANSEN P. Variable neighborhood search[J]. Computers & operations research,1997,24(11):1097-1100.

[165] HANSEN P,MLADENOVIĆ N. Variable neighborhood search:principles and applications[J]. European journal of operational research, 2001, 130 (3): 449-467.

[166] SAEZ-RODRIGUEZ J, GOLDSIPE A, MUHLICH J, et al. Flexible informatics for linking experimental data to mathematical models via DataRail[J]. Bioinformatics,2008,24(6):840-847.

[167] HENDRIX W, TETTEH I K, AGRAWAL A, et al. Community dynamics and analysis of decadal trends in climate data[C]//IEEE 11th International Conference on Data Mining Workshops,2011:9-14.

[168] LATHAM R, DALEY C, LIAO W K, et al. A case study for scientific I/O:improving the flash astrophysics code[J]. Computational science & discovery,2012,5(1):15001.

[169] BROWN R. Report to congress on server and data center energy efficiency: public law 109-431 [J]. Lawrence berkeley national laboratory,2008:109-143.

[170] DAIM T, JUSTICE J, KRAMPITS M, et al. Data center metrics:an energy efficiency model for information technology managers [J]. Management of environmental quality:an international journal,2009,20 (6):712-731.

[171] KUMAR R. Media relations. Gartner[EB/OL]. [2013-10-10]. www. gartner. com/it/page. jsp? id1/4781012.

[172] Census, Data Center Industry [EB/OL]. [2013-06-27]. http://isar2. episerverhotell. net/Global/Sweden/PDF/Datacenter/DCD% 20CENSUS _ marketgrowth_2011. pdf.

[173] Paper, annual report on energy[R/OL]. [2013-10-10]. http://www. meti. go. jp/english/press/data/pdf/20100615_04a. pdf.

[174] NATHUJI R, SCHWAN K. VirtualPower: coordinated power management in virtualized enterprise systems [J]. ACM SIGOPS operating systems review,2007,41(6):265-278.

[175] ZIKOS S, KARATZA H D. Performance and energy aware cluster-level scheduling of compute-intensive jobs with unknown service times[J]. Simulation modelling practice and theory,2011,19(1):239-250.

[176] FERRETO T C, NETTO M A, CALHEIROS R N, et al. Server consolidation with migration control for virtualized data centers[J]. Future generation computer systems,2011,27(8):1027-1034.

[177] SPEITKAMP B, BICHLER M. A mathematical programming approach for server consolidation problems in virtualized data centers[J]. IEEE transactions on services computing,2010,3(4):266-278.

[178] LIN W W, WANG J Z, LIANG C, et al. A threshold-based dynamic resource allocation scheme for cloud computing [J]. Procedia engineering,2011,23:695-703.

[179] BELOGLAZOV A, ABAWAJY J, BUYYA R. Energy-aware resource allocation heuristics for efficient management of data centers for cloud

computing［J］. Future generation computer systems，2012，28（5）：755-768.

［180］BERRAL J L，GOIRI Í，NOU R，et al. Towards energy-aware scheduling in data centers using machine learning［C］//Proceedings of the 1st International Conference on Energy-Efficient Computing and Networking，2010：215-224.

［181］KIM N，CHO J，SEO E. Energy-credit scheduler：an energy-aware virtual machine scheduler for cloud systems［J］. Future generation computer systems，2012.

［182］李伟，虎嵩林，刘冬梅，等. 云计算环境下基于社区聚集的绿色消息系统［J］.计算机学报，2012，(06)：1327-1337.

［183］谭一鸣，曾国荪，王伟. 随机任务在云计算平台中能耗的优化管理方法［J］.软件学报，2012，23(2)：266-278.

［184］宋杰，李甜甜，朱志良，等. 云数据管理系统能耗基准测试与分析［J］. 计算机学报，2013，(07)：1485-1499.

［185］ZHU X M，HE C，LI K L，et al. Adaptive energy-efficient scheduling for real-time tasks on DVS-enabled heterogeneous clusters［J］. Journal of parallel and distributed computing，2012，72（6）：751-763.

［186］米海波，王怀民，尹刚，等. 一种面向虚拟化数字中心资源按需重配置方法［J］.软件学报，2011，22(9)：2193-2205.

［187］Computing，how dirty is your［EB/OL］.［2013-10-10］. http://www.2degreesnetwork. com/groups/information-communication-technologies/resources/how-dirty-your-data-look-at-energy-choices-that-power-cloud-computing/.

［188］JUDGE J，POUCHET J，EKBOTE A，et al. Reducing data center energy consumption［J］. ASHRAE journal，2008：14-26.

［189］CISCO. Energy efficient data center solutions and best practices［R/OL］.［2013-08-07］. http://www. cisco. com/web/strategy/docs/gov/EnergyEfficientDC_WP. pdf.

［190］RAJAMANI K，LEFURGY C. On evaluating request-distribution schemes for saving energy in server clusters［C］//IEEE International Symposium on Performance Analysis of Systems and Software，2003：111-122.

［191］FAN X B，WEBER W，BARROSO L A. Power provisioning for a

warehouse-sized computer[J]. ACM SIGARCH computer architecture news,2007,35(2):13-23.

[192] BARROSO L A, HOLZLE U. The case for energy-proportional computing[J]. Computer,2007,40(12):33-37.

[193] BELOGLAZOV A, ABAWAJY J, BUYYA R. Energy-aware resource allocation heuristics for efficient management of data centers for cloud computing[J]. Future generation computer systems, 2012, 28 (5): 755-768.

[194] BARROSO L A, HOLZLE U. The case for energy-proportional computing[J]. Computer,2007,40(12):33-37.

[195] FAN X B, WEBER W, BARROSO L A. Power provisioning for a warehouse-sized computer[J]. ACM SIGARCH computer architecture news,2007,35(2):13-23.

[196] DE ASSUNCAO M D, GELAS J, LEFÈVRE L, et al. The green Grid' 5000:instrumenting and using a Grid with energy sensors[M]. New York:Springer,2012.

[197] CHEN G, HE W B, LIU J, et al. Energy-aware server provisioning and load dispatching for connection-intensive internet services [C]// Proceedings of the 5th USENIX Symposium on Networked Systems Design and Implementation, USENIX Association,2008:337-350.

[198] CLARK C, FRASER K, HAND S, et al. Live migration of virtual machines[C]//Proceedings of the 2nd Conference on Symposium on Networked Systems Design & Implementation, USENIX Association, 2005:273-286.

[199] LI B, LI J X, HUAI J P, et al. Enacloud:an energy-saving application live placement approach for cloud computing environments[C]//IEEE International Conference on Cloud Computing,2009:17-24.

[200] MI H B, WANG H M, YIN G, et al. Online self-reconfiguration with performance guarantee for energy-efficient large-scale cloud computing data centers [C]//IEEE International Conference on Services Computing,2010:514-521.

[201] IMADA T, SATO M, KIMURA H. Power and qos performance characteristics of virtualized servers[C]//10th IEEE/ACM International Conference on Grid Computing,2009:232-240.

[202] CLARK C, FRASER K, HAND S, et al. Live migration of virtual machines[C]//Proceedings of the 2nd Conference on Symposium on Networked Systems Design & Implementation, USENIX Association, 2005:273-286.

[203] HUANG Q, GAO F Q, WANG R, et al. Power consumption of virtual machine live migration in clouds[C]//Third International Conference on Communications and Mobile Computing, 2011:122-125.

[204] BELOGLAZOV A, BUYYA R. Optimal online deterministic algorithms and adaptive heuristics for energy and performance efficient dynamic consolidation of virtual machines in cloud data centers[J]. Concurrency and computation:practice and experience, 2012, 24(13):1397-1420.

[205] CLEVELAND W S, LOADER C. Smoothing by local regression: principles and methods [C]//Proceedings of the COMPSTAT' 94 Satellite Meeting, Semmering, Austria, 27-28 August, 1994.

[206] NELSON M, LIM B H, HUTCHINS G. Fast transparent migration for virtual machines[C]//USENIX Annual Technical Conference, General Track, 2005:391-394.

[207] WANG L Z, VON LASZEWSKI G, YOUNGE A, et al. Cloud computing:a perspective study[J]. New generation computing, 2010, 28 (2):137-146.

[208] KLEINROCK L. Queueing systems, volume I:theory[M]. New York: Wiley-Interscience, 1975.

[209] BAKER J, BOND C, CORBETT J C, et al. Megastore: providing scalable, highly available storage for interactive services [C]// Conference on Innovative Data Systems Research, 2011:223-234.

[210] XIONG K Q, PERROS H G. Service performance and analysis in cloud computing [C]//Proceedings of the 2009 Congress on Services-I, IEEE Computer Society, 2009:693-700.

[211] ALJOHANI A M, HOLTON D R W, AWAN I, et al. Performance evaluation of local and cloud deployment of web clusters[C]//14th International Conference on Network-Based Information Systems, 2011: 274-278.

[212] WADA H, SUZUKI J, OBA K. Queuing theoretic and evolutionary deployment optimization with probabilistic SLAs for service oriented

clouds[C]//Congress on Services-I,2009:661-669.

[213] ELLENS W,AKKERBOOM J,LITJENS R,et al. Performance of cloud computing centers with multiple priority classes [C]//IEEE Fifth International Conference on Cloud Computing,2012:245-252.

[214] YANG B, TAN F, DAI Y S, et al. Performance evaluation of cloud service considering fault recovery [C]//International Conference on Cloud Computing,2009:571-576.

[215] KHAZAEI H, MISIC J, MISIC V B. Performance analysis of cloud centers under burst arrivals and total rejection policy[C]//IEEE Global Telecommunications Conference-GLOBECOM,2011:1-6.

[216] SODAN A. Predictive space-and time-resource allocation for parallel job scheduling in clusters,grids,clouds[C]//39th International Conference on Parallel Processing Workshops,2010:313-322.

[217] KHAZAEI H, MISIC J, MISIC V B. Modelling of cloud computing centers using M/G/m queues[C]//31st International Conference on Distributed Computing Systems Workshops,2011:87-92.

[218] KHAZAEI H, MISIC J, MISIC V B. Performance analysis of cloud computing centers using m/g/m/m + r queuing systems[J]. IEEE transactions on parallel and distributed systems,2012,23(5):936-943.

[219] GOSWAMI V,PATRA S S,MUND G B. Performance analysis of cloud with queue-dependent virtual machines [C]//1st International Conference on Recent Advances in Information Technology (RAIT),2012:357-362.

[220] 陆传赉. 排队论[M]. 2 版. 北京:北京邮电大学出版社,2009.

[221] KARLIN S,TAYLOR H E. A first course in stochastic processes[M]. Second Edition. Oxford:Academic Press,1975.

[222] 乐刚. 数学分析[M]. 上海:华东师范大学出版社,1993.

[223] ROSS S M. Introduction to probability models[M]. Tenth Edition. Oxford:Academic press,2010.